LE

PAYSAN JARDINIER.

IMPRIMERIE MILLIET-BOTTIER.

OUVRAGE INDISPENSABLE DANS CHAQUE MAISON A LA CAMPAGNE.

LE

PAYSAN JARDINIER

OU

PRINCIPES DU JARDINAGE

DE LA TAILLE ET DE LA CONDUITE DES ARBRES FRUITIERS

ET DES PREMIERS ÉLÉMENTS DE FLORICULTURE,

Par M. BERGER (Basile),

Jardinier en chef à la Préfecture, à Bourg, membre fondateur de la Société d'horticulture pratique de l'Ain,

Et par d'autres Membres de la même Société.

Le Paradis terrestre était un jardin de délices où nous devions passer une vie heureuse. Par la création d'un jardin nous retrouvons l'image de celui que l'esprit malin a voulu nous ravir.

A BOURG,

CHEZ FR. MARTIN-BOTTIER, ÉDITEUR.

1868.

INTRODUCTION.

L'homme, après avoir passé le seuil du Paradis terrestre et en arrivant pour la première fois au monde, n'a trouvé, pour satisfaire ses besoins, que les produits bruts, sauvages et spontanés de la nature. Par son travail opiniâtre et son génie, il a su disposer en souverain des richesses de la terre; puis de progrès en progrès ses descendants sont arrivés, en ce qui concerne la vie des plantes, à commander même aux vicissitudes des climats. A l'heure où nous parlons toutes les industries, toutes les sciences et tous les arts avancent à grande vitesse sur le chemin du progrès. Nous ne laisserons pas passer le train qui porte ces merveilles sans prévenir nos nourriciers, nos confrères, les travailleurs de la terre, qu'on appelle les paysans, pour les inviter à prendre place, à côté de nous, sur l'impériale de la diligence enchantée qui s'achemine résolument sur une route tenant du prodige. Nous causerons le long du voyage; on ne peut pas être en meilleure compagnie qu'en celle de ses collégues et amis; les entretiens sont plus familiers, plus intimes, plus attrayants; on se comprend mieux. Ce que nous avons à dire est très-important, c'est quelque chose que personne ne sera fâché de connaître; parlons d'abord de notre famille et un peu plus tard de nos intérêts.

Notre famille, eh bien! c'est la famille des cultivateurs, des paysans! ce n'est ni plus ni moins que la mère et la nourrice du genre humain! A ce titre elle a bien quelque peu droit d'imposer silence autour d'elle quand elle parle; aussi un certain jour elle a dit : Je veux pour empereur des Français un souverain qui portera le nom de Napoléon; et la couronne impériale, pour le bonheur de la France, a été posée sur le front auguste et majestueux de Napoléon III. Ah! c'est que de toutes les classes de la société, notre classe, la classe des paysans est la plus clairvoyante, la plus laborieuse, la plus nombreuse, la seule indispensable à la conservation de l'humanité. Oui, notre classe est la seule dont l'origine soit aussi vieille que le monde et pour le sûr sa durée ne finira pas avant lui. C'est elle qui a enfanté, qui nourrit, qui soutient et qui défend, les armes à la main, toutes les autres classes de la société. Il faut avouer que ses mérites ont été méconnus bien longtemps; néanmoins on commence à comprendre un peu mieux son importance. Oui, grâce au régne actuel de la sagesse, de la justice, de la raison et du bon sens, la classe des paysans est cent fois mieux appréciée, mieux considérée et mieux honorée qu'elle ne l'a été dans les temps passés. Oui, la lumière s'est faite enfin, alors on a mieux vu et l'on a mieux compris où reposent réellement la base de l'édifice social et les éléments les plus certains de la prospérité des nations.

LE
PAYSAN JARDINIER.

Depuis longtemps nous avons songé à l'amélioration du régime alimentaire des habitants de la campagne avec la conviction profonde qu'elle ne peut que contribuer à l'amélioration morale, car le bien-être est le frère aîné du bon vouloir : le régne d'Auguste en a laissé la preuve au monde.

Nous savons que dans plusieurs contrées le cultivateur n'a, la plupart du temps, qu'une alimentation à peine suffisante pour entretenir chez lui la santé, la force et la vigueur que ses rudes et incessants labeurs réclament journellement. Il y a là un fâcheux état de choses qui laisse évidemment beaucoup à désirer. Bien souvent déjà il a été constaté qu'une alimentation saine, appétissante et confortable est un puissant auxiliaire pour celui qui s'adonne aux travaux pénibles, tout aussi bien que pour celui qui s'occupe d'un travail intellectuel.

On pourrait citer encore à cette occasion le succès obtenu par l'idée de M. le marquis de Cussy de préparer lui-même, de ses nobles mains, des mets savoureux et du goût du peintre en porcelaine,

Simon Leblanc, pour le ramener au travail dont il avait depuis longtemps perdu l'habitude.

Nous sommes tous instinctivement portés, sinon à la gourmandise, du moins à satisfaire notre appétit de mets selon notre goût, assez abondants, un peu variés, substantiels et salutaires. Tous ces aliments (nous ne parlons pas de la viande, la plupart des paysans n'en font usage que pour mémoire) peuvent se trouver dans un jardin potager bien cultivé, bien entretenu et d'une étendue suffisante.

Ainsi nous vous conseillons, paysans nos collègues et amis, et nous vous recommandons, au besoin, d'établir un jardin ou d'agrandir celui qui peut être existe déjà auprès de chacune de vos habitations, car nous avons remarqué que partout et toujours il est d'une étendue trop restreinte pour satisfaire aux besoins du ménage. Dans ce jardin vous pourrez cultiver toutes sortes de légumes et vous pourrez vous les procurer, pour un certain nombre d'entre eux, à peu près à toutes les époques de l'année. Nous allons indiquer dans les chapitres qui suivent les procédés de culture les plus simples, les plus économiques et qui sont à la portée du premier venu. Vous pourrez vous faire aider dans les occupations du jardin par vos femmes, vos enfants, vos servantes, car les trois quarts des travaux peuvent être faits par tout le monde : chacun y prendra goût selon ses aptitudes ou ses inclinations.

Faut-il vous dire, pour vous encourager, que Rome, dont on a tant parlé et dont on parlera encore longtemps, est restée, à l'époque de son antique prospérité, quatre siècles sans médecins et sans pharmaciens? Que faisaient les maîtres du monde pendant ce temps là? ils cultivaient et mangeaient des légumes, surtout du chou; et l'histoire nous dit que leur santé s'en trouvait bien. (*Maison rustique*, 3e volume). Pourquoi n'en ferions-nous pas autant?

Nous passerons ensuite aux explications relatives aux principes ayant pour objet la plantation, les divers modes de multiplication, la taille et la conduite des arbres fruitiers. Nous suivrons la méthode la plus récente, la plus convenable, celle que notre vieille expérience nous a fait adopter comme étant la plus simple et selon nous la meilleure.

Après avoir lu ces principes si rationnels et si faciles à saisir, l'enfant de 12 ans greffera ou plantera un arbre qu'il verra grandir en même temps que lui; il lui donnera des soins intelligents pour l'amener à une forme gracieuse; puis il ne voudra plus s'en séparer, il en greffera, plantera et dirigera d'autres; il trouvera plaisir et satisfaction à voir prospérer ses premiers essais. Alors il comprendra son bonheur, il préférera la carrière noble et indépendante de ses ancêtres à toutes les autres carrières; il aimera mieux la vie libre et en plein champ que la vie trop restreinte et trop souvent semée d'écueils et de déceptions entre les murs d'une ville où son existence ne sera plus à l'aise.

Enfin, après avoir bien labouré, bien semé, bien récolté est-on devenu tant soit peu riche et veut-on avoir un parterre et des fleurs? nous allons, par des explications sommaires, dire en terminant les moyens de les obtenir et les soins qu'exige leur culture.

CRÉATION D'UN JARDIN DE CULTIVATEUR.

La condition essentielle pour qu'un jardin puisse donner tout ce qu'on est en droit d'exiger de lui, c'est de l'établir à côté et au midi de l'habitation, dans la position la mieux exposée au soleil et la mieux abritée en même temps contre le vent du nord. Il devra être dégagé de tous les arbres d'une certaine élévation dont les fortes racines et l'ombrage sont toujours préjudiciables à la végétation des légumes et des plantes d'une faible dimension. Il sera très-avantageux d'avoir ou d'établir une légère pente du côté du midi ou du côté du levant. Le sol devra être défoncé à 50 ou 60 centimètres de profondeur, en mélangeant les terres du dessus et du dessous. Si l'on a un terrain compact, argileux ou marécageux, on fera bien de l'amender en y ajoutant du sable, d'alluvion de rivière, des matériaux de démolition, de la marne calcaire ou du terreau mélangé d'un dixième de chaux. Si au contraire le terrain est par trop sablonneux ou pierreux, il sera bon de l'amender au moyen des produits du curage de mares ou d'étangs, ou même de la terre forte ou argileuse. Il sera très à-propos de réserver un emplacement à part pour les arbres fruitiers qui sont toujours gênants lorsqu'ils sont plantés autour des carrés destinés aux légumes. Aux angles de ces carrés se trouveront bien placés des rosiers de Provins dont la fleur odorante procure un vrai plaisir le soir, surtout après avoir passé la journée loin de la famille; aux bordures rapprochées de l'habitation quelques plantes d'œillets vivaces; puis le fraisier, l'oseille, la menthe, la mélisse, le thym, la sauge un peu plus loin; à la partie la plus éloignée, la plus convenable, une tonnelle formée de quelques pieds de vigne des meilleurs cépages qui donneront non seulement un ombrage qui sera bien apprécié dans les moments de loisir en été, mais encore un dessert non moins précieux pour l'automne et l'hiver.

FABRICATION D'ENGRAIS.

Pour la culture, dans de bonnes conditions, des légumes et des plantes dont nous allons peupler notre jardin l'engrais est indispensable. Si nous n'avons pas de bétail et par conséquent pas de fumier, nous fabriquerons du terreau. Cet engrais peut s'obtenir par la fermentation ou la décomposition de toutes sortes de choses fermentescibles et décomposables mélangées, mises en tas, remuées de temps en temps et arrosées quand il fait un temps sec. Cette composition peut admettre la poussière et le fumier ramassés sur les routes et les chemins, les feuilles d'arbres, les herbes sèches, les bruyères, les fougères, les débris du jardin, pourvu qu'il n'y ait pas de graines mûres, les matières des lieux d'aisance et du poulailler, les balayures des appartements et des cours, etc. Si ce terreau, qu'il est plus avantageux de faire dans une fosse qu'en plein air, est destiné à un terrain argileux, compacte ou humide, on fera bien d'y ajouter de la chaux jusqu'à concurrence d'un dixième environ. Il sera bon à être employé lorsque la décomposition sera complète, ce qui arrive ordinairement après la révolution d'une année.

Nous allons passer maintenant aux explications relatives à la culture de chaque légume en particulier, en suivant l'ordre alphabétique et en commençant par le *b a ba* comme les écoliers, entre les mains de qui cet ouvrage serait peut-être bien à sa place. Voici ce que dit, au sujet de l'horticulture, M. Boncenne, juge au tribunal civil de Fontenay, délégué par l'Académie universitaire pour conseiller et propager l'enseignement horticole : « Il faut pénétrer dans les écoles primaires, exposer clairement et simplement, aux enfants, les principes élémentaires de la science, faire devant eux des essais, guider leurs mains dociles, et quand ils pourront porter à leurs mères ébahies ce que vous me permettez, avec le zèle philanthrope, d'appeler familièrement peut-être le premier chou qu'ils auront planté, vous verrez naître l'amour du sol, la passion du jardin. Vous atteindrez ainsi un double but : le jeune paysan, au sortir de l'école, défrichera, plantera le jardin de son père, et le pauvre homme, honteux de son ignorance, se mettra lui-même à l'ouvrage en disant : «Tu es bien heureux, mon cher enfant, de mon temps on n'apprenait rien de tout cela. »

Le *Journal d'horticulture* de la Moselle, de janvier 1861, fait encore mention, au sujet de la même question, de quelques passages extraits d'un rapport de M Delamarre où il est dit : « Nous adhérons complétement à cet autre principe, que c'est en développant dans les populations rurales une existence intellectuelle appropriée à leur condition, en les convainquant qu'elles ont à mettre en jeu, dans leurs labeurs, les forces de l'intelligence autant que celles du corps, que l'on relévera dans leur esprit cette position sociale; que l'on pourra enfin arrêter ce flot toujours plus menaçant qui dépeuple nos campagnes, etc.

« Que l'on compare l'état moral de cette famille dont le père, au sortir de l'église du village, donne à ses fleurs (sa plus douce passion), le reste du dimanche. Combien plus heureux ici la femme et les enfants! Combien plus heureux le mari lui-même! sa vie est paisible, sa santé florissante, son petit avoir enfin prospère. Au lieu de ces enclos mal tenus et insalubres, on voit attenant à sa maison un frais et rustique jardin où croissent, au milieu des fleurs qui récréent l'œil, les légumes destinés à la consommation du ménage et qui procurent une alimentation saine, abondante et peu coûteuse. »

CULTURE DES LÉGUMES.

On obtient par semis (mise en terre de la graine) tous les légumes annuels et bisannuels. On dit qu'une plante est annuelle quand elle accomplit la révolution de sa végétation, produit des graines mûres et périt dans le délai d'un an; en d'autres termes, dans une période plus ou moins longue, comprise entre le printemps et l'automne : tels que la laitue, le melon, etc.

Bisannuelle quand la maturité de la graine n'arrive que la seconde année : tels que le chou, l'oignon, etc. Mais il est plus avantageux de cultiver, par le moyen de la plantation, les légumes vivaces (qui vivent plusieurs années sans être ressemés), afin de pouvoir jouir plus tôt des produits : tels que l'artichaut, l'asperge, etc.

Semis. Il se fait en place ou en pépinière : en place pour les légumes qui supportent difficilement la transplantation, tels que la carotte, le pois, etc.; en pépinière pour ceux qui peuvent être transplantés sans inconvénient, tels que le chou, le poireau, etc.

Ail : Il s'accommode de tous les terrains; sa culture est des plus simples; on l'obtient au moyen de petites bulbes ou caïeux qui entourent ce que l'on appelle la tête d'ail. Ces bulbes sont mises en terre à 0 m 10 ou 0 m 12 l'une de l'autre, en tous sens, savoir : la petite variété, la plus hâtive, au printemps, et la grosse variété à l'automne. La plantation d'automne est préférée, par les jardiniers, pour deux raisons : la première c'est de pouvoir utiliser le terrain à la production d'autres légumes dès que la récolte d'ail est enlevée, et en second lieu c'est que les travaux du jardin sont moins pressants à l'automne qu'au printemps. On connaît que l'ail est bon à cueillir alors que la tige sèche et flétrie ne peut plus se soutenir. Pour le rentrer dans de bonnes conditions, il est à propos, après l'arrachage, de laisser quelques jours les têtes exposées au soleil; elles sont ensuite appendues à une solive ou simplement placées au grenier ou sur des planches en un lieu sec et abrité.

Artichaut : Il s'obtient de semis ou par la plantation d'œilletons ou rejets. Dans la pratique on n'emploie que ce dernier moyen par le motif qu'avec le semis les fruits n'arrivent que la troisième année, tandis qu'une plantation d'œilletons faite au printemps donne déjà un certain nombre de pommes en automne.

Un terrain fort est celui qui convient le mieux à l'artichaut; il doit recevoir un bon labour à la bêche et une bonne fumure quelque temps avant la plantation qui peut avoir lieu à l'automne ou au printemps. Cette dernière époque est choisie de préférence afin de profiter du moment où l'on ôte des vieilles souches les œilletons dont le trop grand nombre serait nuisible à une bonne fructification. Parmi les œilletons supprimés on choisit les plus beaux et les plus vigoureux pour en faire de nouvelles plantes. On doit avoir soin, pour faciliter la reprise, de détacher les œilletons par une pression de haut en bas de manière à leur laisser un talon autour duquel les racines se produisent en très-peu de temps. Deux autres précautions sont encore utiles pour la réussite de la plantation : 1° l'enlèvement, par une coupure nette, des filaments d'écorce qui se trouvent en bas du talon; 2° l'arrosage immédiat et assez copieux pour réduire à l'état de mortier très-clair la terre qui entoure le pied du plançon, de telle sorte que celui-ci en soit parfaitement imprégné dans toute sa partie enterrée; par un temps sec on délaye de la terre dans un vase d'eau et l'on arrose avec ce liquide terreux. Les plançons doivent être mis en terre à une profondeur de 0 m 08 à 0 m 10 et à une distance de 1 mètre en tous sens. Après la plantation on arrose, selon le besoin, jusqu'à ce que la reprise soit certaine, ce que l'on reconnaît à la poussée de nouvelles feuilles. On peut ensuite suspendre l'arrosage jusqu'à la formation de la pomme, et à partir de ce moment le donner de plus en plus abondant jusqu'à la récolte. Lorsque l'on cueille un fruit, la ramification qui le porte doit être coupée à son insertion. Après l'enlèvement de la première pomme, si l'on supprime quelques fruits secondaires, la plante n'en prendra que plus de vigueur; si même on les supprime en totalité dès qu'ils se montrent, l'unique fruit réservé n'en sera que plus volumineux. Une plantation d'artichauts ne va guère au-delà de quatre à cinq ans sans commencer à dépérir; on aura soin de la renouveler deux ans d'avance, afin de ne pas être pris au dépourvu. La plante d'artichaut est très-sensible au froid et à l'humidité; il est indispensable pour sa conservation de la butter aux premiers indices de la gelée. Après avoir recepé toutes les tiges, en conservant seulement les feuilles qui portent des racines et qui sont elles-mêmes coupées à 0 m 30 du sol, on commence le buttage. On réunit, par un lien léger, les feuilles en faisceau et l'on entoure le pied de la plante de détritus d'épis de blé (ballouf), de litière ou de feuilles sèches; on établit par-dessus une butte en terre, en laissant à découvert la pointe des feuilles; puis on couvre le tout avec une ou deux tuiles creuses pour empêcher l'eau de la pluie ou de la fonte des neiges de pénétrer au travers de l'appareil protecteur. Cet appareil est enlevé alors que les gelées ne sont plus à craindre, sauf à le rétablir si le froid survient.

Les tiges encore munies de leurs fruits, au moment du buttage, sont bonnes à couper pour être plongées à 0 m 25 de profond dans du sable ou de la terre sèche, à l'abri du froid et de l'humidité. Dans cette situation la pomme d'artichaut végète, grossit encore un peu et reste comestible pendant environ deux mois.

Dans une petite culture, si l'on a seulement quelques pieds d'artichaut, on peut les rentrer en cave pendant l'hiver. On enlève la plante avec ses racines et la motte de terre qui s'y trouve adhérente; on la place dans du sable ou de la terre sèche, et au printemps on la remet en place au jardin. En cette saison, dès que les jeunes pousses ont atteint 0 m 20 à 0 m 30 de hauteur, on procède à l'œilletonnage, opération qui consiste à enlever tous les rejets excepté les trois ou quatre plus vigoureux qui doivent régénérer la plante. La feuille d'artichaut peut se blanchir et se préparer pour l'alimentation comme le cardon, seulement le goût en est un peu plus relevé. La fleur que l'on fait sécher pour la conserver remplace avantageusement la présure pour la fabrication des fromages.

Choix : Vert de Provence, violet, gros vert de Laon.

Asperge : Nous ne sommes plus au temps où l'on plantait les asperges à près de 1 m de profondeur avec abondance de fumier dans les fosses. Ce fumier était inutile par le motif tout simple que les racines d'asperge, au lieu de s'enfoncer en terre, tendent, au contraire, toujours à monter à la surface du sol. Aujourd'hui certains amateurs plantent les asperges comme les pommes de terre, sauf à recharger de terre ou terreau à l'automne. — Voici la méthode que nous suivons et dont nous avons toujours obtenu de bons résultats : Huit ou quinze jours après avoir donné au terrain un bon labour à la bêche, on creuse des tranchées de la largeur et de la profondeur d'un fer de bêche (0 m 20 de largeur et de 0 m 25 de profondeur), un intervalle de 0 m 80 est laissé entre les tranchées et la terre qui en provient est déposée provisoirement en ados sur cet intervalle. Les plançons ou griffes d'asperge sont mis au fond de la fosse, à 0 m 25 en ligne les uns des autres. Avoir soin de bien étendre, selon leur position naturelle, les racines sur lesquelles on fait tomber 0 m 02 à 0 m 03 de la menue terre des ados; puis couvrir d'une épaisseur de 0 m 07 à 0 m 08 de terreau bien consommé. Au moment des pluies la petite couche de terre et les racines qui sont au-dessous profitent de l'engrais liquide qui s'échappe du terreau. En faisant tomber dans la fosse la menue terre dont il s'agit, il est à propos de l'étendre à la main, de façon que les racines en soient parfaitement entourées. L'asperge n'aime pas l'humidité, elle ne demande des arrosages que dans une sécheresse par trop longue. Un terrain doux et sablonneux est celui qui lui convient le mieux. Donner les sarclages nécessaires pour empêcher les mauvaises herbes d'envahir la plantation; ces sarclages seront superficiels afin que les racines n'en soient pas atteintes. Un simple arrachage à la main serait encore préférable.

A l'automne on fera tomber dans les fosses un tiers de la terre des ados, en y mêlant du terreau ou du fumier, et on en agira ainsi les deux années suivantes de telle sorte qu'à la troisième année les fosses soient comblées. On fera bien de jeter, avant les gelées, une légère couche de fumier sur chaque pied d'asperge, afin de prévenir les dommages qu'un hiver rigoureux peut occasionner à la plantation.

Au printemps, donner un binage et continuer les sarclages reconnus nécessaires. (Quelques personnes ont essayé de répandre du sel de cuisine sur des pieds d'asperge pour en activer la végétation et ont obtenu, paraît-il, un bon résultat). Quand on plante des semis de deux ans on peut cueillir des asperges deux ans après la plantation; si l'on plante des semis d'un an on ne doit faire aucune récolte avant trois ans.

L'asperge une fois coupée peut se conserver quatre à cinq jours en plaçant le pied dans un vase d'eau, ce qui en facilite l'envoi à des distances très-éloignées.

Choix : Violette de Hollande, hâtive d'Argenteuil et Lenormand.

Aubergine : On l'obtient de semis faits au printemps sur couche et sous cloche ou châssis; mise en place en mai, en terre terreautée ou sur ados établis sur un lit de 0 m 20 de fumier; soins ordinaires en été; maturité en septembre.

Choix : Violette longue, violette longue hâtive, et violette ronde. Il est une variété blanche qui se cultive comme plante d'ornement et dont le fruit, qui ne se mange pas, est en tout semblable à un œuf de poule.

Bette ou Poirée : Pour l'avoir en hiver on sème au printemps; le semis du mois d'août donne sa récolte au printemps suivant.

La bette ne produit d'utile à la consommation

que la partie blanche et charnue de ses feuilles; la partie verte peut néanmoins être mélangée avantageusement à l'oseille dont elle amoindrit l'acidité. Dans les hivers rigoureux il est à propos d'en butter le pied pour la garantir de la gelée. La graine n'arrive que la deuxième année, la plante étant bisannuelle.

Choix : Blonde commune, carde blanche, et carde blanche frisée.

Betterave : Semis en pépinière en avril; repiquer alors que les plançons ont à peine la grosseur du doigt, dans un terrain préparé et fumé à l'avance; avoir soin de ne pas replier les racines en plantant. On peut aussi semer en place, sauf à éclaircir le plant s'il est trop dru, de façon à l'espacer à 0 m 25 environ. Tout le monde connaît et apprécie les qualités culinaires de la betterave; mais une chose qui devrait être beaucoup plus répandue, c'est la gelée qu'on obtient de la betterave champêtre. Voici le procédé : Après le lavage les betteraves sont râpées et pressurées, le jus est mis à bouillir dans un chaudron pendant dix à douze heures environ; des morceaux de betterave ou de poire, de coing, d'écorce d'orange sont ajoutés à cette préparation qui est très-agréable au goût et qui est très-précieuse en hiver.

Choix : Rouge grosse à salade, rouge ronde précoce, rouge naine très-foncée, jaune ronde sucrée, à salade (nouvelle).

Cardon : Pour en jouir plus tôt les jardiniers le sèment en pot, sous un abri quelconque. (Nous ferons remarquer que le mode d'élever en pot les plantes délicates n'est pas du tout onéreux, le prix des pots destinés à cet effet n'étant que de 30 cent. la douzaine.) Les plançons arrivés à une force suftisante sont mis en place sur des buttes. Les buttes se construisent en creusant, à 1 mètre de distance, en tous sens, des trous de la largeur et de la profondeur d'un fer de bêche (0 m 25 de profondeur et 0 m 20 de largeur); ces creux sont remplis de fumier frais ou terreau qui, après avoir été tassé par le piétinement, doit arriver au niveau du sol; on jette par-dessus la terre du creux, ce qui constitue une butte ou taupinière. Cette terre a dû être, au préalable, réduite à l'état de poussière par le tamisage ou le froissement entre les mains. Si la terre du creux était trop compacte ou de mauvaise qualité, on choisirait de la bonne terre sur un autre point du jardin, ou mieux encore du terreau pour former la butte dont la hauteur doit avoir 0 m 15 à 0 m 20.

Si des plants n'ont pas été élevés en pot, chaque butte reçoit, fin avril ou courant mai, trois ou quatre graines de cardon au lieu d'un plançon. Huit à dix jours après la germination on arrache toutes les plantes, excepté la plus forte. (On peut en conserver deux par précaution.) Le cardon demande, par un temps sec, un arrosage tous les deux jours et tous les jours si l'on peut. On donnera une activité très-sensible à la végétation si l'on mélange par moitié du purin à l'eau d'arrosage, deux ou trois fois à des intervalles éloignés, pendant la croissance. Avant sa consommation, qui peut commencer à la fin de l'été, on fait blanchir le cardon. Deux méthodes sont suivies pour cette opération : On réunit en faisceau, au moyen de deux ou trois liens légers, toutes les feuilles de la souche que l'on couche dans une rigole pratiquée au pied de la plante et on recouvre de la terre de la rigole. Dans trois semaines ou un mois au plus, les feuilles sont blanches, tendres et bonnes à manger. Cette méthode, bien que bonne en elle-même, ne peut être pratiquée, sans inconvénient, que dans les terrains sablonneux ou pierreux qui s'égouttent rapidement. La méthode que nous suivons consiste à entourer toutes les feuilles de la plante d'une quantité suffisante de paille ou de fougère qui est maintenue par deux ou trois liens n'importe en quelle matière. Avoir soin de tenir sous enveloppe, toujours à l'avance, cinq ou six plantes afin de pouvoir en disposer à volonté.

A l'entrée de l'hiver on arrache toutes les plantes, en laissant aux racines la motte de terre qui les entoure; on les place, enveloppées comme on l'a dit ci-dessus, en un lieu abrité où elles sont enterrées droites, comme avant l'arrachage; puis on donne un arrosage que l'on renouvelle de huit en huit jours. Dans cet état le cardon se conserve facilement jusqu'au printemps. Si on le place dans une cave sombre il blanchit sans être enveloppé.

Pour obtenir la graine on laisse ordinairement sur pied deux plantes au jardin. Après le recepage rez de terre on les butte comme les artichauts, mais sans aucun lit de paille autour du pied qui ne redoute aucunement l'humidité. On débutte au printemps; la plante se développe et les graines arrivent à maturité à la fin de l'été. Leurs facultés germinatives se conservent pendant dix ans environ.

Choix : C. de Tours, épineux; C. plein inerme; C. Puvis.

Carotte (racines jaunes et rouges) : Selon la température du printemps le semis se fait en mars, avril ou mai. Le terrain a dû être préparé par un bon labour à la bèche et une fumure convenable. Au moment de cette opération le fumier doit être bien disséminé et mélangé à la terre qui doit le recouvrir de telle façon qu'aucune trace n'en soit aperçue à la surface du sol; les mottes de terre parfaitement brisées et le terrain bien divisé dans toute l'épaisseur pénétrée par la bêche. Avant de jeter les graines en terre, les planches sont tracées à 0 m 80 de largeur et limitées par des sentiers de 0 m 30. Pour faciliter l'opération, des piquets sont plantés aux angles des planches et des sentiers pour soutenir les cordeaux indicateurs. Une fois fixés, les sentiers doivent être fortement piétinés pour tasser le sol; on y aménera en même temps, au rateau, les plus grosses mottes de terre en quantité suffisante pour que leur niveau soit établi un peu au-dessus de celui des planches, afin que l'eau d'arrosage ne puisse les inonder et se perdre inutilement. Les opérations préparatoires terminées, on choisit, s'il est possible, un temps calme pour faire le semis, en se tenant sur les sentiers. Si le vent souffle tant soit peu, tenir la main excessivement basse pour éviter que la graine ne soit accumulée sur certains points tandis que d'autres en seraient privés. La surface du terrain est ensuite piquée et brouillée fortement avec les dents du rateau, en tournant autour de la planche, de façon que la graine soit parfaitement adhérente à la menue terre dont elle est entourée. Avoir soin de répandre sur le semis du fumier fin pour empêcher le terrain d'être tassé par les pluies battantes; circonstance qui parfois peut anéantir la germination. A défaut de menu fumier on peut se servir de terreau bien consommé ou des balayures des cours ou des appartements. Arroser, éclaircir et sarcler selon le besoin. La carotte courte hâtive, ayant été semée en premier lieu pour en jouir plus tôt, on pourra faire en juin un semis de la rouge longue ou demi-longue pour la provision d'hiver.

La carotte peut passer l'hiver sur pied au jardin, en la couvrant de terre ou de litière; mais on fera toujours mieux, après en avoir coupé les feuilles, de la mettre à la cave dans du sable. Pour obtenir la graine on choisit, à la récolte, les racines les plus belles et les mieux conformées, on les met en jauge au jardin; couvrir de litière, découvrir quand il fait un temps doux et sec, replanter en mars et cueillir la graine à la maturité.

Choix : Rouge longue, rouge demi-longue pointue, rouge demi-longue obtuse, jaune très-courte de Hollande, à châssis; longue (aurore d'Achicourt), jaune courte.

Céleri : Plurieurs méthodes sont suivies pour la culture de ce légume. Voici celle dont le résultat nous a toujours paru satisfaisant : Le semis peut se commencer en avril et se continuer jusqu'en juin; le plus avantageux pour nos contrées est le semis d'avril en pépinière; la transplantation se fait, en temps ordinaire, deux mois après, alors que le plant est assez fort pour la supporter. La planche destinée à le recevoir, préparée comme il a été dit pour la carotte, doit avoir 1 mètre de largeur; on la divise en cinq espaces égaux, ce qui les réduit chacun à la largeur de 0 m 20. Les pieds de céleri sont plantés à 0 m 45 de distance en ligne, d'où il résulte un carré long entre chaque nombre de quatre plantes; on verra plus loin l'utilité de cette disposition; on pourra, en attendant, semer quelques graines de laitue entre les pieds de céleri. Le plançon est enfoncé en terre jusqu'au collet (environ 0 m 08 à 0 m 10). La longueur laissée hors de terre, après le retranchement de la partie supérieure du fanage, est à peu près égale à la partie enterrée. Avoir soin, en plantant, de couper l'extrémité de la racine pivotante et bien se garder de la replier sur elle-même. Arroser immédiatement après la plantation chaque pied de céleri avec le bec de l'arrosoir. Dans les quinze jours qui suivent cette opération un paillis de fumier sec, de menue paille ou litière, est répandu et étendu sur la plantation, soit à la main soit au trident, le plus uniformément possible, pour maintenir les racines de céleri dans un état constant de fraîcheur. Des arrosages assez copieux sont donnés tous les jours si la plantation n'a pas de paillis, et tous les deux jours seulement quand elle en est pourvue.

A la fin de l'été ou au commencement de l'automne, alors que le céleri atteint une hauteur de 0 m 30 à 0 m 35, on réunit en faisceau avec un ou deux liens légers les feuilles de chaque plante pour faire le premier buttage. Cette opération se pratique en prenant la terre nécessaire au milieu de l'intervalle de 0 m 45 qui sépare chaque ligne transversale. Cette terre est déposée en ados le long et des deux côtés de chaque ligne prise dans ce même sens; un espace suffisant sera laissé aux abords des plantes pour que leurs racines et la base des ados n'éprouvent aucun dommage. Il va de soi que la pointe de la plante doit rester complétement à découvert. Dans cet état on laisse le céleri se développer jusqu'à ce que les feuilles dépassent la hauteur de la butte de 0 m 20 environ; alors on fait un second et dernier buttage qui, dans tous les cas, doit être effectué avant l'arrivée de la neige et des gelées.

S'il s'agit de faire blanchir le céleri pour la consommation de la belle saison, avant qu'il ait atteint tout son développement, il suffit d'entourer la plante de paille comme il a été dit pour le cardon. Dans certaines contrées on couvre la plante d'un vase en terre dont l'ouverture supérieure est beaucoup plus étroite que celle de la base; par ce procédé on peut aisément s'assurer, en soulevant le vase, du degré d'avancement de blancheur de la plante. Le céleri, rentré en cave et placé dans du sable, se conserve facilement tout l'hiver.

Pour obtenir la graine, qui est bonne pendant plusieurs années, on laisse sur pied quelques plantes que l'on entoure de paille pour les garantir de la gelée; cette enveloppe doit être enlevée dès que le froid n'est plus à craindre. On peut aussi les rentrer et les traiter comme les pieds de chou destinés à la production de la graine. La maturité arrive dans le courant de l'été.

Choix : Céleri plein blanc; C. plein blanc court hâtif (turc nain); violet de Tours, très-grosse espèce.

Céleri-Rave : Même culture que le précédent, excepté le buttage dont il n'a pas besoin, la partie comestible étant enterrée. Les plantes étant moins volumineuses, on laissera un espace moindre entre elles.

Choix : Céleri-rave d'Erfurt; céleri-rave ou navet; céleri-rave frisé.

Cerfeuil commun, cerfeuil musqué et cerfeuil frisé : Semis au printemps pour les besoins de l'été, et au mois d'août pour la provision de l'hiver et du printemps. Choisir une place ombragée pour les semis d'été. Ne pas couvrir la graine, mais l'enterrer légèrement avec les dents du râteau qu'on promène à la surface du sol dont les mottes ont dû être réduites en fragments aussi menus que possible.

Chicorée : Semis en juin et juillet; il pourrait se faire plus tôt, mais on en agit ainsi afin d'obtenir la chicorée à une époque où la laitue commence à nous faire défaut. La pépinière pour le semis ne demande qu'un espace excessivement limité, un mètre carré de terrain peut facilement fournir 200 plançons. Le repiquage se fait lorsque le plant est assez fort pour le supporter avec succès. La planche destinée à le recevoir est établie sur une largeur de 0 m 80; on trace sur cette largeur, à 0 m 16 l'une de l'autre, cinq rigoles dans lesquelles les plançons sont mis en quinconce à 0 m 25 les uns des autres. La plantation se fait en éclaircissant et choisissant les plançons les plus forts et le tour des moyens et des plus faibles arrive successivement selon leur degré de développement. Lorsque les plantes ont atteint un volume suffisant on les fait blanchir, en commençant par l'extrémité de la planche qui a reçu les premiers plançons. Cette opération peut se faire en réunissant en faisceau, par un lien, les feuilles de chaque plante; mais une méthode meilleure consiste à coucher simplement la plante et à la couvrir d'une tuile creuse; par ce moyen toutes les feuilles restent saines et comestibles et sont exemptes des taches noires très-incommodes qui apparaissent toujours en suivant le premier procédé. Les plantes de chicorée peuvent aussi se conserver placées dans du sable à la cave.

Choix : Chicorée frisée de Meaux; chicorée frisée fine d'été ou d'Italie; frisée de Ruffec; de Picpus; escarole ronde; escarole verte; escarole en cornet; escarole sauvage ou amère; sauvage améliorée.

Chou : Les semis de choux se font au printemps et à l'arrière-saison. Pour les semis de printemps (mars, avril et mai) choisir l'exposition la plus chaude possible afin d'obtenir plus vite des plançons vigoureux. Le terrain étant convenablement préparé, on répand la graine, toujours un peu dru, en commençant par les plus hâtifs et continuant par ordre de précocité pour obtenir des produits successifs. Voici l'ordre : York petit, Milan court hâtif, York gros, cœur de bœuf petit, cœur de bœuf gros, conique de Poméranie, Milan des vertus, Milan frisé.

Brunswik, quintal, gros pommé de Hollande, tardif.

Dès que la graine a été répandue sur le sol on la recouvre modérément au moyen du râteau qu'on promène en long et en travers sur le semis; briser en même temps les mottes par le picottement avec les dents du râteau; puis donner ensuite un arrosage et un paillis à la planche ensemencée. Lorsque les germes apparaissent répandre par-dessus quelques poignées de poussière de chaux, ou à défaut de la cendre ou de la suie de cheminée pour détourner les nombreux insectes qui fréquemment envahissent et dévorent les petits choux; faire cette opération le soir, le matin à la rosée ou après l'arrosage qui sera donné tous les jours par un temps sec; éclaircir et sarcler au besoin.

Deux mois après le semis, alors que le plant a quatre ou cinq feuilles, le mettre en place à demeure; espacer à 0 m 40 en tous sens les petites variétés et à 0 m 50 environ celle dont le volume est le plus fort. Le chou, pour développer tout le volume qu'il est susceptible d'atteindre demande un terrain profondément remué, beaucoup d'eau et beaucoup d'engrais; il réussit bien dans un terrain neuf, récemment défriché, dans la vase provenant du curage de mares ou d'étangs, surtout si elle a été exposée pendant un an au soleil et remuée de temps en temps.

Plusieurs procédés sont suivis pour conserver les choux en hiver. Nous préférons celui qui consiste à les placer en jauge, la tête inclinée au nord, afin de prévenir l'effet pernicieux de l'alternative de la gelée de la nuit après le dégel du jour, inconvénient qui se produit toujours quand elle est tournée au midi; couvrir d'une épaisseur de 0 m 20 de terre les racines et le collet jusqu'aux premières feuilles; jeter par-dessus une couche de litière ou menue paille, si l'hiver est rigoureux. Il se conserve très-bien aussi placé en jauge dans de la terre ou du sable à la cave, ou simplement suspendu par le pied, surtout les variétés dont la pomme est dure et serrée.

Chou à jets de Bruxelles ou chou rosette : Il produit à la base de chacune de ses grandes feuilles espacées le long de la tige de petites pommes très-estimées qui ont l'avantage de supporter sans inconvénient les plus fortes gelées; de sorte qu'on peut les cueillir pendant tout l'hiver à volonté.

Pour faciliter la formation des pommes il importe de conduire la culture de telle façon qu'elles apparaissent en novembre, au moment où commencent les premières gelées.

Pour les semis de chou d'arrière saison dont les produits arrivent en mai, juin et juillet, saisir le moment où la lune d'août est à son plein, ou quelques jours après; en agissant ainsi on évitera l'inconvénient de voir monter la plus grande partie du plant, ce qui arrive quand on sème prématurément. Si la lune est en retard, comme elle l'a été en 1867, on sèmera sous châssis ou abri quelconque pour éviter que le terrain ne soit battu par la pluie.

Avant de faire le semis, enlever une épaisseur de 0 ^{m} 15 de terre environ, combler le vide de fumier frais, celui de cheval de préférence, le piétiner et le couvrir de la terre de la fosse, en plaçant la plus meuble par-dessus; tasser, avec le dos de la pelle, le terrain s'il est trop léger; puis agir comme pour le semis de printemps. Éclaircir le plant à la quatrième feuille et le repiquer assez profond, crainte de la gelée, dans une plate-bande préparée à cet effet; ce sera le meilleur pour mettre en place au printemps. Les choux à traiter ainsi sont : York nain hâtif, cœur de bœuf gros, Brunswik et Bacalan. Pour faire la graine on choisit les choux dont les pommes sont les plus grosses et les mieux conformées; on peut les planter dans un endroit abrité dehors, mais il vaut mieux les placer le pied dans de la terre ou du sable à la cave, et les transplanter en mars au jardin. Avoir soin d'isoler les unes des autres les diverses variétés pour prévenir le croisement et la dégénérescence. Si la pomme ne s'ouvre pas naturellement, la fendre par une coupure en croix sans pénétrer bien profond, il suffit que les feuilles du dessus soient déprises.

Pour détourner les insectes qui viennent dévorer la jeune tige et ses fleurs, jeter par-dessus de la cendre ou mieux de la poussière de soufre, le soir ou le matin à la rosée.

On connaît que la graine est mûre quand les siliques blanchissent; laisser s'achever la maturité à la tige qui sera rentrée en lieu abrité. La graine est bonne pendant environ dix ans. Si l'on conserve en terre le pied de chou, après en avoir coupé la tête en automne, il produira au printemps des rejets dont la graine sera tout aussi bonne que celles des choux dont la tête n'aura pas été enlevée. Dans ce cas, couvrir ou abriter pendant l'hiver les pieds réservés qui auront dû être marqués à l'avance par des baguettes plantées en terre. Les rejets dont il s'agit peuvent même être détachés et transplantés comme boutures.

Choufleur : Semis fin mai ou commencement de juin; transplantation fin juillet; laisser aux plançons toute la menue terre et le fumier qui entourent les racines; mise en place immédiatement après l'arrachage; ne pas replier les racines sur elles-mêmes. Dès que le repiquage sera terminé donner un copieux arrosage et répandre un paillis sur la plantation, en préférant pour cela la poussière de fumier sec ou les plus menus fragments de fumier. Arroser tous les jours par un temps sec, en ajoutant de temps en temps à l'eau du purin par moitié, s'il est possible; sarcler selon le besoin.

La pomme de choufleur est très-sensible à la pluie et aux coups de soleil qui parfois l'anéantissent. Lorsqu'elle aura atteint une largeur de trois doigts environ, la couvrir avec deux ou trois feuilles de la tige qui seront ramenées par-dessus; ne pas détacher ces feuilles, mais pour les empêcher de se flétrir, briser la côte seulement en un ou deux points en dehors, en conservant intacts les filaments intérieurs. Cette précaution est inutile par un temps nuageux sans pluie et les nuits sèches.

On connaît que la pomme de choufleur est à son meilleur moment de consommation lorsque son disque commence à s'éclater sur les bords.

Dès les premiers indices de la gelée, se hâter de rentrer en cave les plantes pourvues de leurs fruits en laissant aux racines la terre qui s'y trouve adhérente; les plonger droites et serrées entre elles jusqu'à deux ou trois doigts au-dessus des racines dans de la terre apportée du jardin, et donner immédiatement un arrosage. Dans cet état la plante végète et la pomme grossit encore un peu, mais sans atteindre son volume normal; mettre au bord de la plantation les tiges dont les pommes sont les plus avancées pour être consommées les premières; faire des visites de huit en huit jours pour examiner le degré d'avancement et saisir le moment opportun pour la consommation.

Choix : Tendre de Paris ou Salomon; demi-dur, Lenormand pied court; Lenormand très-gros.

Chou-brocoli : Sous-variété de choufleur qui se cultive de la même façon que lui; mais il est beaucoup plus rustique; la variété Mammouth supporte sans abri les gelées ordinaires de notre climat. En semant fin mai on obtient la pomme au printemps suivant; il va de soi que le repiquage aura dû se faire en juillet, alors que le plant avait quatre ou cinq feuilles.

Le brocoli blanc hâtif est moins rustique. Si on le sème avant l'hiver, coucher la plante, la tête inclinée au nord, dans une rigole pratiquée à cet effet et couvrir de terre, excepté la partie supérieure de la tige. Si le froid devenait excessif, jeter de la litière ou feuilles sèches par-dessus. Au printemps relever avec un trident la tige seulement à moitié et avec précaution, en donnant de petites secousses successives; elle se relèvera ensuite d'elle-même.

Pour faire la graine de choufleur, semer au mois d'août; transplanter en bâche les plançons quand ils sont assez forts, à cinq centimètres de profond et sans fumier pour modérer la végétation pendant l'hiver; couvrir le châssis d'un paillasson pendant les gelées; donner de l'air quand la température est douce; puis transplanter à demeure au printemps, à l'ombre, s'il est possible, et donner les soins nécessaires.

Chou-rave et Chou-navet : Ils se cultivent comme le chou ordinaire; mais ils sont moins exigeants pour la préparation du terrain, l'engrais et l'arrosage. Semis en mai, juin et juillet.

Choix : Blanc; blanc hâtif de Vienne; blanc à collet rouge; rutabaga de Skirving.

Ciboule vivace : On l'obtient par éclats en séparant les bulbes que l'on plante isolément. Cette plantation se fait habituellement en mars ou avril.

Echalotte : On l'obtient par le même procédé; il est rare de la laisser passer l'hiver sur pied; on rentre les gousses en juillet et l'on fait au printemps une nouvelle plantation, en espaçant les pieds à 0 m 10 ou 0 m 12 les uns des autres.

Choix : échalotte ordinaire; échalotte de Jersey.

Concombre : Ce fruit, dans nos contrées, est communément désigné sous le nom de cornichon. Presque toujours il est cueilli avant sa maturité pour être conservé dans du vinaigre et consommé vert comme assaisonnement.

Dans le Midi il est assez souvent cultivé pour être conduit jusqu'à sa maturité; alors il est mangé crû en salade. Sa culture peut, à plusieurs égards, être pratiquée comme celle du melon; mais elle exige beaucoup plus d'eau. Le concombre comme le melon aime l'engrais, un terrain léger qui s'égoutte facilement, de la chaleur et du soleil; au concombre comme au melon une taille bien entendue est indispensable pour obtenir une fructification avantageuse. Si on le veut précoce, il faut absolument faire lever le plant sur couche et sous abri. Si on le cultive en plein air, attendre le mois de mai pour le semer en place.

Première taille : Lorsque deux bonnes feuilles au moins se sont développées au-dessus des cotylédons, on coupe avec un instrument tranchant ou avec les doigts la pointe de la tige qui se montre au-dessus de ces deux feuilles et l'on supprime les yeux qui existent à la base des cotylédons. (En termes de pratique : rabattre sur les oreilles.)

Deuxième taille : Les yeux laissés au talon de chacune des deux feuilles au-dessus desquelles a été fait le premier pincement ont produit en quelques jours des branches désignées sous le nom de bras; la taille leur est appliquée à leur tour au-dessus de deux ou trois feuilles.

Troisième taille : Enfin ces bras donnent aussi naissance à des rameaux dont la taille doit arrêter le prolongement dans la limite de trois ou quatre feuilles; puis on laisse aller la plante à son gré, mais en lui donnant toujours les arrosages nécessaires. On cueille le cornichon lorsqu'il atteint la grosseur du doigt; le brosser, le laver et le conserver dans du vinaigre pour les besoins de la consommation.

Courge : La plante de courge occupe une assez grande surface de terrain; mais on peut très-bien la cultiver hors du jardin. A une exposition aussi chaude que possible on pratique des creux de 0^{m}30 à 0^{m}40 de profond et de 0^{m}50 à 0^{m}60 de diamètre; établir ces creux à 5 ou 6 mètres les uns des autres; les remplir de fumier frais qui sera piétiné et recouvert de la terre du creux mélangée de terreau. En avril ou mai on mettra dans chaque butte trois ou quatre graines de courge et l'on ne conservera, après la germination, que la plante la plus forte. Pour l'avoir précoce on peut élever le plant en pot sur couche comme pour le melon. Il est toujours préférable de ne laisser qu'un fruit par ramification afin qu'il puisse acquérir un plus fort volume. Donner à la plante les arrosages et les semis nécessaires pendant la végétation. Une chose que tout le monde ne sait peut-être pas, c'est que ce légume est bon pour la consommation dès qu'il atteint la moitié de sa grosseur; inutile de dire qu'on doit laisser aller à leur maturité les courges destinées à la provision d'hiver; avoir soin de les rentrer par un temps sec et de les mettre en un local à l'abri de la gelée et de l'humidité.

Choix : Courge de l'Ohio; pleine de Naples; sucrière du Brésil, de Chypre; courge marron; Giraumon d'Espagne.

Cresson alénois à larges feuilles : Cette plante est considérée par les amateurs comme la meilleure fourniture de salade. La feuille pour être bonne doit être cueillie jeune; on la maintient fraîche par de fréquents arrosages. La plante monte en très-peu de temps; pour en jouir pendant toute la belle saison, en semer tous les quinze jours. Sa culture n'exige aucun soin particulier.

Cresson de fontaine : On l'obtient en plantant des racines ou en semant au printemps la graine dans un terrain baigné par les eaux courantes. On peut même le cultiver dans un baquet où l'on a mis un peu de terre et d'eau, en ayant soin de renouveler celle-ci de temps en temps.

Épinard : Il monte très-vite par un temps sec; pour en avoir pendant toute la belle saison il faut semer tous les mois à partir de mars. Par de fréquents arrosages on le maintient plus longtemps frais et comestible. On fera bien, pour les semis d'été, de choisir un emplacement ombragé.

Choix : Épinard d'Angleterre très-large; épinard de Hollande; épinard à feuilles de laitue.

Estragon : Plante aromatique servant d'assaisonnement pour la salade; s'obtient d'éclats de la souche qui doit être recepée à l'automne et que l'on fait bien de couvrir de litière pendant l'hiver.

Fève de marais : Semis de février en avril; abriter du côté du nord, si l'on veut une récolte précoce; sarcler deux fois; la seconde fois rehausser le pied pour activer la végétation. Après avoir consommé en vert les premières cosses, si l'on recèpe la tige les rejets donnent encore une seconde récolte.

Choix : Grosse ordinaire; naine hâtive.

Fraisier : On l'obtient de semis, mais il est plus avantageux de planter de jeunes pieds ou coulants bien enracinés. La plantation peut se faire en tout temps; mais celle d'automne est préférable. Le fraisier produira toujours une récolte abondante si on lui donne les soins qu'il réclame; ces soins sont : l'engrais de terreau, le sarclage, l'arrosage et la suppression des coulants pendant le cours de la végétation; couper les coulants et non les arracher.

Pour avoir des fruits plus beaux, plus appétissants et plus savoureux, répandre, au moment de la floraison, un peu de menue paille autour de chaque pied de fraisier pour éviter le rejaillissement terreux qu'occasionnent les pluies battantes quand les plantes sont en bordure.

Choix : Fraisier des Alpes ou de tous les mois, fruit rouge; fraisier de tous les mois sans filet, fruit rouge; Anana de la Caroline; comte de Paris; Victoria Trollop; princesse Alice; comtesse Zamoïska; écarlate de Virginie.

Haricot : On cultive habituellement les variétés à ramer au jardin, et les variétés naines en plein champ; c'est tout le contraire qui devrait avoir lieu pour éviter l'ombre et l'encombrement dans le jardin. Cette plante demande un engrais bien consommé, un terrain doux et léger plutôt qu'humide et compacte; elle est très-sensible à la gelée; on ne peut guère faire, avec sécurité, des semis en pleine terre avant la fin d'avril et le courant de mai. Sa végétation est d'ailleurs assez rapide pour parcourir toutes ses phases dans une période de trois mois en temps convenable. Faire les semis à 0 m 10 ou 0 m 12 en lignes espacées entre elles de 0 m 30. On peut élever le plant sur couche, le lever en motte et le mettre en place six semaines environ après le semis.

Choix : Haricot à rames; prédome sans parchemin; d'Alger ou haricot beurre noir; haricot beurre blanc; Soisson; haricot nain; de Prague marbré sans parchemin hâtif; beurre blanc sans parchemin; noir hâtif de Belgique; Suisse blanc.

Laitue : Sa consommation dans nos pays est à peu près toujours en salade crue, assaisonnée selon le goût des amateurs; pourtant elle n'est point à dédaigner cuite, préparée de diverses façons soit en garniture soit autrement. Sa culture est facile dans tous les terrains, mais un sol meuble, léger et fumé depuis un certain temps est préférable. Pour en jouir toute la belle saison, échelonner les semis de mois en mois à partir de la fin de mars. Le plant se repique aisément sans que la végétation ait à en souffrir, si on lui donne les arrosages nécessaires; par un temps sec ils doivent être assez fréquents, tant pour aider à la formation de la pomme que pour maintenir plus longtemps les feuilles tendres et comestibles.

Il est une variété désignée sous le nom de *laitue de la Passion*, ou hivernaude; pour l'obtenir au printemps, on sème en septembre pour repiquer le plant avant l'hiver, à une exposition aussi chaude que possible. Comme son nom l'indique, elle supporte sans inconvénient les gelées ordinaires et donne ses feuilles dès les premiers jours d'avril.

Pour obtenir de la bonne graine de laitue on marque, avec des baguettes fichées en terre, les pieds les mieux pommés qu'on laisse monter et dont on coupe les tiges, quand le duvet des capsules qui renferment la graine commence à se détacher naturellement. La graine est bonne pendant plusieurs années.

Choix : 1° pommées printannières; gotte lente à monter; crêpe à graine noire; 2° pommées d'été et d'automne; blonde d'été ou royale; blonde de Berlin; grosse brune paresseuse; Batavia blonde; impériale; rousse hollandaise; pommées d'hiver; passion; Morine; brune d'hiver; laitues romaines; verte maraîchère; blonde maraîchère; blonde de Brunoy.

Mache (doucette, levrette) : Cette plante a été perfectionnée depuis un certain temps, à un tel point, qu'on en rencontre aujourd'hui dont les feuilles sont aussi larges que celles de l'oseille; il est très-regrettable qu'elle ne soit pas cultivée dans nos campagnes où son mérite est pourtant bien apprécié; car dès les derniers jours d'hiver et aussitôt que la neige et la gelée laissent le terrain libre on s'empresse d'aller à sa recherche soit au jardin, soit à la vigne, soit aux champs où elle se reproduit d'elle-même par la chûte naturelle de ses graines. A cette époque de l'année, où le potager se trouve dépouillé de tout produit alimentaire, une salade verte est en effet bien précieuse. En outre elle peut très-bien s'allier pour sa préparation avec des aliments cuits tels que pommes de terre, haricots, betteraves, etc. Il est donc à propos de ne pas négliger plus longtemps la culture de cette petite plante; elle se réduit d'ailleurs à très-peu de chose. Dans le courant du mois d'août, si l'on a eu soin de récolter quelques graines, les répandre dans les plates-bandes inoccupées, entre les gros légumes, elles poussent partout; il suffit de brouiller, avec les dents du râteau, tant soit peu le terrain pour la recouvrir.

Choix : Mache à feuille ronde; ronde à grosse graine; d'Italie ou Régence.

Melon : Pour l'obtenir dans de bonnes conditions, en pleine terre, il est indispensable de le cultiver en buttes ou en ados. Les buttes sont établies comme pour le cardon; mais à une distance un peu plus grande les unes des autres.

L'ados se construit en creusant une tranchée de 0 m 30 de profond et de 0 m 60 de large, longueur volontaire qui sera établie du nord au midi, s'il est possible; on remplira la fosse de fumier frais, celui de cheval de préférence, ou d'une couche composée d'un tiers de fumier et de deux tiers de feuilles de bois. Trois lits distincts de l'un et de l'autre sont successivement superposés en commençant par les feuilles qui seront arrosées et dont l'épaisseur de chaque lit sera double de celle de chaque lit de fumier. Après avoir étendu chaque lit de fumier, piétiner la couche dont le niveau devra dépasser de quelques centimètres celui du sol; puis recouvrir de la terre de la fosse. Huit ou quinze jours après cette opération, par un temps sec et chaud, alors que la couche aura jeté son premier feu, placer dans un petit creux ouvert sur chaque butte ou à chaque distance d'un mètre sur l'ados, un peu de terreau dans lequel seront plantés, à une profondeur d'un travers de doigt, trois ou quatre grains de melon. Quelque jours après la germination on arrachera toutes les plantes, excepté la plus forte de chaque groupe. (On pourra en laisser provisoirement deux par précaution.)

Première taille : Comme pour le concombre, audessus de deux bonnes feuilles, non compris les cotylédons.

Deuxième taille : Les deux bras produits par les yeux réservés à la 1re taille sont coupés chacun audessus du second nœud, ce qui donnera quatre bourgeons.

Troisième taille : Ces quatre bourgeons étant aussi taillés chacun sur deux yeux, on obtiendra huit ramifications dont on pourra diriger les pousses de façon à faire prendre à la touffe une forme à peu près arrondie.

Selon la variété et la vigueur de la plante on lui laissera de deux à quatre melons ; mais jamais plus d'un sur le même rameau ; s'il s'en trouve deux supprimer le plus faible ou le plus mal conformé; puis arrêter la ramification fructifère au dessus du nœud qui suit le melon réservé ; si l'on voit que ce nœud ne puisse donner aucune végétation, la taille sera faite au-dessus du deuxième nœud après le fruit, afin de ménager, dans tous les cas, un bourgeon d'appel pour la sève. Si l'on s'aperçoit à la deuxième taille que la plante soit en souffrance on répand autour du pied, pour activer la végétation, un peu de colombine ou d'engrais de poulailler que l'on recouvre légèrement de terre; les principes fertilisants de cet engrais sont portés par les eaux de pluie ou d'arrosage jusqu'aux racines qui en font leur profit. On fera bien aussi de pailler en même temps toute l'étendue de la plantation tant pour y maintenir la fraîcheur que pour éviter le rejaillissement terreux occasionné par les fortes pluies, inconvénient toujours nuisible aux fleurs et aux jeunes fruits, et qui parfois peut même les anéantir.

Lorsque les melons arrivent à la grosseur d'une noix, si le temps est sec, on donne tous les jours, de neuf heures à midi, un léger arrosage sur les feuilles et les ramifications, mais bien se garder de verser de l'eau sur le pied de la plante. La dose de liquide pourra être de six litres par jour pour chaque plante et un peu plus par une sécheresse prolongée. Si l'on ajoute à chaque période d'un mois environ du purin à l'eau d'arrosage, la végétation n'en prendra que plus de vigueur, l'eau de fumier qui séjourne en plein air peut même être employée seule avec plus d'avantage encore. Dans ces deux derniers cas on aura soin de ne mouiller ni la plante ni les feuilles, mais seulement le terrain. Dans le courant de l'été, si l'on voit que des ramifications s'allongent trop, on les arrêtera par le pincement.

Lorsque le melon est arrivé à peine à la moitié de sa grosseur on glisse par-dessous, avec précaution, un tuileau pour le préserver de l'humidité du sol, et sans endommager la tige on le tourne tant soit peu pour placer en dehors le côté sur lequel il était primitivement couché.

Pour manger le melon au meilleur moment de sa consommation, il doit être cueilli à point; on saisit l'instant où l'on s'aperçoit qu'il commence à jaunir, qu'il exhale un parfum appétissant ou que des gerçures se forment autour de la queue; alors on l'enlève pour le mettre à l'ombre en un lieu frais pendant vingt-quatre heures au moins avant son arrivée sur la table.

Les melons tardifs, dont la maturation se trouve arrêtée par les intempéries, peuvent être soumis aux mêmes préparations culinaires que l'on fait subir à la courge. Traité ainsi le melon est préférable à la meilleure courge.

Pour avoir le melon précoce, il doit être élevé sur couche et sous abri et même y rester jusqu'à la maturité. Si l'on veut le transplanter, voici un moyen simple et facile : on le fait lever dans un vase composé de deux demi-tuiles réunies par deux ou trois liens d'osier dont les excédants de longueur sont passés par-dessous l'ouverture la plus étroite du vase pour en former le fond ; une pincée d'herbe ou de menue paille y est jetée pour maintenir le terreau contenu dans le vase où sont plantés trois ou quatre graines de melon. Cet appareil est ensuite enfoncé dans la couche destinée à le recevoir. On conçoit qu'au moment de la mise en place, on n'a qu'à déposer dans le creux ouvert à cet effet le vase entier dont on coupe les liens et dont on retire, avec précaution, chaque moitié séparément sans aucun dérangement des ra ines du melon. On pourra donner un arrosage trois ou quatre heures avant le dépotage pour que le terreau soit moins friable.

Choix : Maraîcher, sucrin de Tours, Moscatello, cantaloup prescott fond blanc et blanc argenté; cantaloup noir des Carmes; cantaloup prescott hâtif à châssis; cantaloup noir de Hollande.

Navet : Il se contente du premier terrain venu et se trouve aussi bien en plein champ qu'au jardin. Si on lui donne de l'engrais, la tige atteindra un volume beaucoup plus fort, mais la racine qui est la partie comestible sera moins savoureuse. A raison de son mérite et de la simplicité de sa culture, le navet devrait être beaucoup plus répandu. Cet abandon serait-il attribué à sa tendance à dégénérer? Nous allons dire alors comment on peut y remédier.

Pour que la graine acquiert les qualités désirées, il est indispensable de suivre le procédé, depuis longtemps en usage, pour obtenir la graine de rave. Voici la méthode : choisir en novembre les plus beaux navets pour porte-graines; trancher la moitié au moins de la longueur du fanage et transplanter à demeure. Dans le courant de l'été, lorsque l'on voit les siliques et les rameaux qui les portent devenir blancs, on coupe les tiges qui sont rentrées en un lieu abrité, et l'on laisse la graine achever sa maturité dans les siliques. Ne semer qu'en juin et juillet et ne se servir que de la graine de deux ou trois ans; en agissant ainsi on obtiendra toujours de beaux et bons produits.

Choix : Navet des vertus; de Freneuse; noir long; noir plat; jaune long; rose du Palatinat; rouge plat très-hâtif; blanc hâtif; jaune long de Bortsfeld; jaune de Malte.

Oignon : Il n'est pas difficile et se contente de tous les terrains pourvu qu'il soit au soleil; néanmoins il préfère un terrain sablonneux ou léger.

La planche destinée à recevoir le semis qui se fait, selon la variété, à deux époques différentes, doit être préparée dans les mêmes conditions et les mêmes soins que pour la carotte. L'oignon rouge pâle et l'oignon jaune des vertus, ou oignon paille, se sèment en mars et avril; la graine doit être légèrement recouverte en promenant le râteau sur la surface du semis; picotter en même temps, avec les dents du râteau, pour mieux rendre la graine adhérente au sol et faciliter la germination; puis piétiner avec des sabots plats, ou si le sol est trop humide frapper avec le revers de la pelle. Si le temps est sec, arroser immédiatement après le piétinement et donner les soins nécessaires pendant le cours de la végétation qui accomplit ordinairement sa révolution dans une période de trois mois. L'oignon ne devant pas être transplanté, éclaircir de façon à laisser un pied à chaque distance de dix à douze centimètres.

On connaît l'arrivée de la maturité lorsque la tige sèche et flétrie ne peut plus se soutenir; on procède alors à l'arrachage et on laisse l'oignon exposé quelques jours au soleil avant de le rentrer; il est ensuite porté en un lieu sec, sur des planches, ou mis en chaînes pour être appendu à une solive.

L'oignon blanc se sème de la fin d'août au commencement de septembre et se repique en novembre; il passe sans inconvénient l'hiver en pleine terre. A partir d'avril ou de mai cet oignon est déjà assez fort pour qu'on puisse commencer à l'utiliser à la cuisine, en attendant qu'il ait atteint toute sa grosseur. A sa maturité il est traité comme ceux dont on vient de parler.

Depuis un certain temps les jardiniers ont imaginé une combinaison fort ingénieuse pour obtenir de l'oignon jaune paille un volume double de celui qu'il acquiert par la culture ordinaire; voici comment : en mars ou avril on sème excessivement épais afin de restreindre le volume de l'oignon à la grosseur du doigt. Dès que les germes apparaissent, on n'arrose plus. La maturité des oignons ainsi obtenus se reconnaît aux mêmes signes que pour les autres oignons. A la récolte on trouve, au lieu d'oignons d'un volume ordinaire, une quantité innombrable de petites bulbes désignées par fois sous le nom de rocamboles ou bobillons. Ces petits oignons sont conservés avec soin dans un lieu sec, mais suffisamment éloignés de la grande chaleur, crainte d'une germination prématurée. Au printemps ils sont mis en place au jardin, sur une planche de 0 m 80, fumée et préparée à l'avance; on trace à 0 m 16 l'une de l'autre cinq rigoles dans lesquelles les bulbes sont placées à 0 m 12 l'une de l'autre; les presser à la main pour mieux les fixer au sol et amener par-dessus, au râteau, une épaisseur de terre de deux travers de doigt; une légère couche de terreau est ensuite étendue sur la plantation et si le temps est sec terminer l'opération par un arrosage, puis laisser pousser, en donnant les soins nécessaires pendant la végétation. A la récolte on trouvera des oignons d'un volume double de celui que l'on eût obtenu d'un semis conduit dans les meilleures conditions.

Pour faire la graine d'oignon on choisit les plus belles bulbes, les plus rondes, les mieux conformées que l'on met à part, en prenant les précautions nécessaires à leur conservation. En mars ou avril elles sont mises en terre au jardin où elles reçoivent les soins ordinaires de culture. Les têtes ou panaches qui se forment en haut de la tige renferment les graines dont la maturité est annoncée par l'ouverture des petites capsules où elles sont logées. Dès que ce signe apparaît, on doit s'empresser de couper à une certaine hauteur les tiges qui doivent être suspendues en un lieu abrité, où elles peuvent rester jusqu'au moment du semis. Si on les met dans des sacs de papier, avoir soin d'étiquetter pour éviter des erreurs toujours regrettables.

Oseille : La plupart du temps cette plante vivace est abandonnée, dans le jardin, à sa végétation naturelle. On l'obtient de graines ou d'éclats en séparant une partie des tiges ou des racines. Nous ne cultivons que trois variétés d'oseille : l'oseille commune, l'oseille à feuilles d'épinard et l'oseille de Belleville qui est la meilleure; certains jardiniers la traitent comme plante annuelle, afin d'obtenir des feuilles plus belles et moins acides. Quelle que soit la variété, si l'on a soin, après la cueillette du printemps, de faucher la plante rez de terre, on obtiendra en automne une récolte beaucoup plus belle que si cette opération eût été négligée.

Très-souvent l'oseille sert de bordure; quand il en est ainsi, la plantation des éclats doit se faire à 0 m 10 ou 0 m 12 les uns des autres, afin que les souches, une fois développées, puissent former une haie régulière et sans interruption.

Panais : Il est peu cultivé dans nos pays, quoiqu'il soit cependant fort apprécié des amateurs; il est employé comme assaisonnement pour relever le goût de certains mets et les rendre plus appétissants. Sa culture est la même que celle de la carotte avec laquelle on peut l'assimiler en ce qui concerne le mode de végétation.

Choix : Long; rond hâtif.

Pastèque : Se cultive comme le melon, dont on lui applique seulement les deux premières tailles et sans supprimer aucun fruit. Deux variétés seulement sont cultivées dans nos pays : la variété à graines rouges et la variété à graines noires.

Persil (plante bisannuelle) : Semer au printemps à bonne exposition pour la consommation de l'été et de l'automne; semer au mois d'août pour la provision d'hiver en donnant un abri, et semer à l'automne pour l'avoir au printemps suivant.

Choix : Persil commun ; persil frisé double.

Piment (poivre long, poivron) : On peut le traiter comme le melon, excepté la taille dont il n'a pas besoin. On peut le laisser en pot, la plante étant peu volumineuse, sauf à lui donner un appui pour la soutenir.

Choix : Piment long ordinaire; gros carré doux; piment tomate rouge.

Poireau : Semis à la même époque et avec les mêmes conditions de culture que la carotte; donner les soins nécessaires pour obtenir des plançons beaux et bien venants qui seront repiqués à demeure fin juin ou courant juillet sur une planche préparée et tracée comme pour la plantation des rocamboles ou bulbilles de l'oignon paille. Cette plantation se fait à 0 m 12 en ligne et à 0 m 12 de profond, après avoir retranché l'extrémité des racines ainsi que le fanage à moitié longueur. Les plançons étant mis en place le long de la rigole, dans une position inclinée pour obtenir une plus grande longueur blanche, on les couvre jusqu'aux premières feuilles, en ajoutant à la terre du fumier bien consommé ou du terreau. On continue ainsi pour chaque rigole et l'on termine l'opération par un arrosage. Les soins ordinaires sont ensuite donnés pendant la végétation.

Pour obtenir la graine on peut laisser en place un nombre suffisant des plus belles plantes, ou les transplanter au printemps, sur un emplacement où elles seront moins gênantes. Donner les mêmes soins que ceux qui ont été indiqués pour la graine d'oignon.

Choix : Très-gros jaune du Poitou; très-gros, court, de Rouen; commun long.

Pois : Faire les premiers semis fin février et courant mars, de préférence en terre légère ou sablonneuse, en commençant par les plus hâtifs : nain hâtif sous châssis, pois Michaud, prince Albert et continuer par les pois abondance, corne de bélier, pois gourmands, pois ridé de Knight, pois sans parchemin à fleurs rouges et sans parchemin géant. Ces divers semis seront faits à des époques distancées de telle sorte que leurs produits puissent arriver successivement et sans interruption pendant le cours de la belle saison. La graine de pois ne doit pas être enterrée à plus de deux travers de doigts; on fera bien de répandre par-dessus quelques poignées de cendre lessivée ou non pour en faciliter la levée. Les mulots sont très-friands de cette graine; il est toujours à propos de semer un peu dru, afin qu'après les ravages occasionnés par ces petits rongeurs la planche ensemencée se trouve encore suffisamment garnie par les germes qui se produisent dans de bonnes conditions de végétation. Une précaution bonne à prendre, c'est de répandre sur le semis des grains de maïs pour satisfaire l'avidité des mulots jusqu'à la levée des pois; à partir de ce moment ils n'y touchent plus. Les trois dernières variétés ci-dessus désignées, à raison de l'élévation de leurs tiges vigoureuses qui ombragent le terrain, redoutent peu la sécheresse; avoir soin de leur donner des rames assez tôt pour qu'elles puissent s'y fixer afin que leurs cosses ne soient pas exposées à l'humidité du sol.

Pomme de terre : Les deux variétés qui méritent, à raison de leur précocité, d'être cultivées au jardin sont la Marjolin et la Blanchard à œil violet; en temps ordinaire elles peuvent être livrées à la consommation trois mois environ après la plantation. Le volume restreint de la plante permet d'espacer à 0 m 30 seulement les tubercules qui sont mis en terre fin février et courant mars. Leur donner pour engrais de la cendre lessivée ou non, plutôt que du fumier frais, afin de les obtenir plus farineuses. Rentrer par un temps sec et mettre en un lieu sain et à l'abri du froid les plus beaux tubercules qu'on aura soin de choisir pour la reproduction de l'espèce.

Radis (petites raves) : Premiers semis en mars et continuer de quinze en quinze jours, afin d'en avoir pour la consommation toute la belle saison sans interruption. Arroser fréquemment par un temps sec, afin de les maintenir plus longtemps tendres et comestibles. Cette plante n'ayant qu'une végétation de courte durée et une racine excessivement faible, on peut sans inconvénient la cultiver entre les carottes et autres gros légumes.

Choix : Rond rose hâtif; rond écarlate; demi long rose; demi-long écarlate hâtif; jaune ou roux d'été.

— Raves, *choix :* Radis long; blanche à collet violet; noire plate; violette hâtive.

Roquette : Plante aromatique pour l'assaisonnement de la salade. Même culture que le cresson alénois.

Salsifis blanc : Semis en avril et mai en terrain bien ameubli; arroser pour faciliter la germination et donner ensuite les soins nécessaires pendant le cours de la végétation.

Scorsonère ou salsifis noir : Il se cultive comme le salsifis blanc. La racine, qui est la partie comestible, est bonne à manger à la fin de l'hiver, juste au moment du carême.

Scolyme d'Espagne (sorte de salsifis) excellent légume) : Semis en juin seulement pour empêcher la plante de monter avant l'hiver. On peut en commencer la consommation dès les premiers jours du printemps suivant; avoir soin de fendre la racine et d'enlever l'axe médian qui est corriace et fibreux. Même culture que le salsifis blanc.

Tétragone : Cette plante, originaire de la Nouvelle-Zélande, est destinée à remplacer l'épinard, alors qu'il nous fait défaut en été. Ces deux plantes, quoique présentant une grande similitude dans la saveur et la conformation de leurs feuilles, ont une végétation toute différente; car, tandis que l'épinard exige de nombreux arrosages pour que sa feuille se maintienne fraîche et bonne pour la consommation en été, la tétragone au contraire étale tout le luxe de sa végétation par la sécheresse la plus prolongée. Par contre, elle craint beaucoup l'humidité; si au printemps les pluies sont par trop fréquentes, la graine lève très-irrégulièrement; on ne peut semer avec succès en pleine terre que fin avril ou dans le courant de mai. Le semis se fait en mettant en terre terreautée, à chaque distance de 0 m 50, quatre ou cinq graines dont les germes, une fois sortis, sont tous arrachés, excepté le plus fort de chaque groupe. On donne ensuite au semis les soins qu'il réclame. S'il fait un temps sec à l'automne, le semis fait à cette époque réussit toujours bien.

Au moment de la cueillette on peut enlever l'extrémité des ramifications qui est aussi bonne pour la consommation que la feuille elle-même, et de nouvelles pousses se produisent en très-peu de temps.

Les relations de voyages racontent que les marins, sous les ordres du capitaine Cook, étaient atteints de scorbut au moment où ils découvrirent la tétragone dans la Nouvelle-Zélande et qu'ils furent tous guéris quelques jours après en avoir fait usage comme aliment.

Tomate ou pomme d'amour : Cette plante est excessivement sensible au froid; la moindre gelée suffit pour l'anéantir; aussi la plupart des jardiniers font-ils lever la graine sur couche et sous abri. Si l'on veut semer en pleine terre il est indispensable d'attendre le mois de mai; donner un tuteur ou petit treillage pour soutenir la tige dont l'extrémité sera arrêtée par un pincement pratiqué au-dessus du premier nœud fleuri, huit ou dix feuilles environ à partir de la base; enlever en même temps les bourgeons qui apparaissent à l'aisselle de chacune de ces feuilles, excepté le plus haut, sur lequel a été fait le pincement et qui doit, dans son prolongement, donner naissance à d'autres bourgeons fructifères. Lorsque les fruits sont noués on pince chaque ramification qui les porte à deux ou trois nœuds au-dessus du dernier fruit, puis on attend la maturité.

Choix : Rouge grosse; rouge à tige raide de Laye; rouge grosse hâtive; rouge ronde petite.

Couches et abris.

Toutes les explications contenues dans le chapitre qui précède ont pour objet la culture naturelle en pleine terre des plantes potagères qui s'y trouvent mentionnées; mais d'autres moyens sont employés par les jardiniers et les amateurs pour obtenir deux mois plus tôt les produits de ces mêmes plantes. Ces moyens consistent dans l'emploi des couches sur lesquelles la culture est pratiquée, et des abris nécessaires pour protéger les plantes, surtout pendant la première période de leur végétation, contre les intempéries des saisons.

Les couches telles qu'on les établit dans les jardins bien tenus, les châssis vitrés et les cloches en verre dont on les couvre, coûtent encore assez cher. Après en avoir parlé, nous indiquerons les procédés de construction d'appareils analogues moins bien parfaits, mais que l'on peut se procurer sans frais et dont l'emploi peut faire encore devancer d'un mois les produits obtenus par le mode de culture naturellement suivi. Trois sortes de couches sont mises en usage par les praticiens : la couche chaude, la couche tiède, la couche sourde. Bien que des variantes soient apportées par chacun d'eux à la construction des couches, voici les principes indiqués et mis en usage par les hommes d'expérience et dont on fera bien de ne pas trop s'écarter :

1° *Couche chaude :* elle se compose uniquement de fumier de cheval employé au moment même où on le sort de l'écurie. Deux méthodes sont pratiquées pour la construction de cette couche : l'une qui consiste à établir successivement trois ou quatre lits de fumier l'un sur l'autre sur toute l'étendue que l'on veut donner à la couche, en piétinant fortement et en arrosant chaque lit séparément pour déterminer la fermentation. Au dernier lit de fumier on peut ajouter sur les bords de la paille longue dont l'extrémité est relevée et ramenée sur la couche pour lui servir, dans tout son pourtour, de cordon superficiel. La paille est maintenue dans cette position par une épaisseur de 0 m 12 à 0 m 15 de terreau qu'on répand sur toute la surface de la couche pour servir d'aliment aux plantes qui lui seront confiées. L'autre méthode consiste à placer en un seul lit toute l'épaisseur de fumier dont se compose la couche; le piétinement ne peut alors être fait qu'en une seule fois, lorsque la couche est terminée.

Cette dernière méthode est plus expéditive, mais on obtient une chaleur moins régulière.

Les dimensions à donner aux couches sont de 0 m 60 à 1 mètre de hauteur; 0 m 80 à 1 m 30 de largeur; longueur indéterminée. Les plus étroites sont celles qui sont employées à pousser la végétation avec le plus de rapidité, à raison de l'augmentation de chaleur qu'on peut leur donner par les réchauds. Un réchaud n'est autre chose qu'un cordon de fumier frais dont on entoure la couche une quinzaine de jours après sa construction; ce cordon de fumier est ensuite renouvelé tout les huit à dix jours. Si les plantes élevées sur couche sont destinées à y rester longtemps, à prendre un certain volume et même à y terminer leur végétation, il sera nécessaire, lorsque la chaleur du soleil échauffera naturellement le sol, d'augmenter l'épaisseur du terreau qui recouvre la couche et d'y ajouter même un peu de terre au besoin.

La couche doit être entourée d'une caisse en bois

désignée sous le nom de coffre par les praticiens. Cette caisse doit être plus élevée derrière que devant afin que les eaux de pluie ou de la neige fondue puissent facilement s'écouler sur le châssis qui la recouvre; l'inclinaison doit toujours être du côté du midi. Ce coffre, la plupart du temps, ne descend pas jusqu'au sol, on lui donne pour point d'appui un bourrelet de terre ou de fumier qui entoure la couche; un châssis en verre est ensuite placé pardessus pour compléter l'appareil.

2° *Couche tiède :* Elle ressemble en tous points à la précédente, à l'exception des matières dont elle se compose; ces matières sont des fumiers de toutes sortes et des feuilles d'arbres jusqu'à concurrence de moitié et même des deux tiers; cette dernière proportion est encore, selon nous, celle que l'on doit préférer. Pour la construire, on établit alternativement trois lits de feuilles et trois lits de fumier, en commençant par les feuilles. Le fumier provenant des réchauds des couches chaudes pourra être utilisé pour la construction de la couche tiède. Chaque lit de feuille devra être arrosé et chaque lit de fumier piétiné, comme il a été dit précédemment. A chaque lit de fumier on pourra ajouter, sur les bords, de la paille longue qui sera retroussée pour maintenir chaque lit de feuilles dans ses limites respectives.

L'usage de la couche tiède est absolument le même que celui de la couche chaude; tous les accessoires donnés à celle-ci lui sont applicables; mais sa chaleur étant moindre, son action se fait sentir plus lentement sur les végétaux soumis à son influence.

3° *Couche sourde :* La chaleur de cette couche ne s'élève guère au-dessus de celle du sol, ses matériaux de construction n'étant que du fumier à demi consommé et provenant très-souvent des débris de démolition d'anciennes couches des deux premières catégories. La couche sourde est toujours établie dans une fosse d'une profondeur de 0 m 40 à 0 m 50, et sa hauteur ne dépasse guère plus de 0 m 10 le niveau du sol. La plupart du temps son emploi est de terminer la végétation de quelques plantes élevées sur les autres couches. Cependant il arrive aussi qu'on lui confie dès le principe des semis dont la végétation sera toujours un peu plus avancée que celle des semis des mêmes espèces pratiqués simplement en pleine terre.

Nous ne parlerons pas de la couche à champignons, les personnes qui s'occupent de la culture de ce cryptogame pourront consulter d'autres ouvrages où la question est beaucoup mieux traitée que nous ne pourrions le faire nous-mêmes.

Outre les couches et les châssis dont on vient de parler, les praticiens ont encore à leur disposition un grand nombre de cloches en verre qui sont indispensables pour abriter, dans les premiers temps de leur transplantation en pleine terre, les plantes élevées sur couche. Leur usage est particulièrement avantageux pendant les mauvais jours et surtout les mauvaises nuits du printemps. Pour tenir lieu de la cloche en verre quelques personnes ont construit ou fait construire, avec des lambris minces en sapin, des coffrets ou caissons dont la partie supérieure est inclinée et couverte d'un carreau de vitre. Cet appareil, bien moins coûteux que la cloche en verre et dont la base peut aussi être plus large que le sommet, donne néanmoins de bons résultats.

L'emploi des couches et abris est surtout précieux pour hâter le développement de la végétation des plantes délicates qui sans cela ne donneraient leurs produits, dans nos contrées, qu'à une époque très-tardive, encore seraient-ils très-médiocres et même sans valeur dans certaines années.

Couches et abris économiques.

La couche économique est celle qui se construit uniquement avec des feuilles d'arbres. Les feuilles de chêne, de platane et de charmille que l'on aura eu soin de tenir abritées pendant l'hiver sont les meilleures; toutefois si la provision n'a pas été faite avant l'hiver, elles sont encore bonnes ramassées au moment même de s'en servir. L'épaisseur à donner à cette couche peut être de 0 m 60, dont la moitié sera enterrée et l'autre moitié hors de terre; sa largeur sera de 1 m à 1 m 20; longueur volontaire. On aura soin de tasser les feuilles et de les arroser si elles sont sèches, puis de les couvrir d'une épaisseur de 0 m 12 environ de terreau. Un piquet planté en terre, à chaque angle nord devra dépasser de 0 m 60 la hauteur de la couche; la hauteur du piquet de chaque angle sud sera de 0 m 30 plus bas que celui de chaque angle nord; des fascines de paille de maïs, de rosat, de jonc de rivière, roseau, fougère ou genêt, etc., ce que l'on aura sous la main, seront placées comme une palissade autour de la couche. Cette palissade, sur l'un des côtés, ne devra pas être justa-posée, il sera nécessaire de laisser, entre deux, un sentier pour faciliter l'accès de la couche sur toute sa longueur. Des perches seront fixées, au moyen de liens d'osier ou autres, aux piquets dont on vient de parler pour soutenir la palissade; et des piquets intermédiaires pourront encore être ajoutés aux premiers pour consolider la charpente. Les tiges de paille ou branchages qui dépasseront la hauteur des piquets seront arasés suivant une pente régulière du piquet nord au piquet sud, afin de pouvoir placer un châssis quelconque pour abriter la superficie de la couche. Ce châssis pourra être construit avec des liteaux, perches ou échalas, et sera recouvert de toile, parchemin, calicot gommé ou papier huilé, ou simplement encore d'un paillasson; il sera nécessaire de soulever cette couverture toutes les fois que le froid ne sera pas à craindre et que la pluie ne sera pas à redouter pour la santé des végétaux abrités. Cette opération devra être faite avec d'autant plus d'empressement que la toiture sera plus obscure, la lumière étant aussi indispensable que la chaleur pour le développement normal de la végétation.

On peut aussi, pour abriter les plantes sur couche, se servir de cloches économiques au lieu de châssis. Le système de fabrication de ces cloches est des plus faciles et des plus simples; voici comment on se les procure : sur un cercle de futaille on place en croix deux demi-cercles à cheval l'un sur l'autre, ou deux baguettes flexibles que l'on replie en forme d'arc et dont chaque extrémité est clouée sur le cercle ou attachée avec un lien quelconque; cette charpente est recouverte avec l'une des matières indiquées pour le châssis de la couche économique. Si l'on trouve que cette méthode ne soit pas assez facile, à raison de la coupure en pointe arrondie de chaque pièce de la toiture, on pourra donner à la base de la charpente de la cloche une forme carrée, un peu allongée si l'on veut; on construit alors cette base avec quatre morceaux de bois, en lui donnant la forme d'un carré long ou carré parfait; on place à chacune des deux extrémités un demi-cercle qui sera cloué ou fixé par un lien à la base, un demi-cercle intermédiaire pourra encore être ajouté pour obtenir plus de solidité. Par ce moyen les bandes de la toiture pourront être coupées droites, excepté celles des deux extrémités qui pourront être coupées en une seule pièce sur une circonférence de cercle, puis divisée en deux parties égales, après l'avoir repliée sur elle-même.

Pour fabriquer des cloches encore plus économiques, on prend une forte poignée de paille de seigle, rosat, etc., on la coupe à une hauteur de 0 m 60 à 0 m 70 et on la serre fortement par un lien à la partie supérieure; les tiges sont ensuite écartées en rond à la base et maintenues dans cette position par un double cercle, c'est-à-dire deux cercles de même dimension superposés et fixés ensemble n'importe par quel moyen; ce double cercle placé à la partie inférieure et en dedans de la cloche est lui-même maintenu à cette place par un lien en fil de fer qui entoure extérieurement la cloche juste sur la rainure qui existe naturellement à la jointure des deux cercles en bois placés intérieurement. Il semblerait plus simple de prendre les brins de paille entre les deux cercles en bois qui seraient cloués l'un sur l'autre; ce serait plus facile en effet, mais l'épaisseur du cercle extérieur pourrait arrêter l'eau de la pluie et de la fonte des neiges, la faire filtrer au travers de la paille et se répandre à l'intérieur de la cloche; tandis que la faible épaisseur du fil de fer qui se trouvera incrustée dans la paille fera disparaître cet inconvénient. Une autre méthode consiste, en se servant des mêmes matières, mais en plus faible quantité, à serrer par un lien placé à peu près à demi hauteur, la poignée de paille sans la couper; on ramène ensuite les brins de paille du sommet sur ceux de la base, en les fixant dans cette position par un second lien passé par-dessus, à la hauteur du premier, ou un peu plus bas. Tous ces brins de paille, dont le nombre se trouve ainsi doublé, sont coupés à une longueur égale pour former la base de l'appareil. Par ce procédé on peut, sans déplacer la cloche, l'ouvrir le jour du côté du soleil et la refermer le soir; mais la cloche du premier système indiqué offre plus de solidité et plus de facilité pour la manœuvre; il n'en coûte pas plus de l'enlever et de la replacer que de l'ouvrir et de la refermer. Dans l'un comme dans l'autre cas, si les tiges de paille étaient trop faibles pour se tenir debout, on pourrait y intercaler quelques baguettes de bois pour les consolider.

Ces cloches, soutenues par des piquets, peuvent aussi servir pour abriter diverses plantes pendant l'hiver, notamment celles d'artichauts; mais on aura soin de les soulever pour donner de l'air toutes les fois que le temps permettra de le faire sans danger.

Nous terminerons ce chapitre en recommandant un moyen simple et facile pour abriter, contre les vents du nord et du nord-ouest, les semis pratiqués en pleine terre, de bonne heure, au printemps. Ce moyen consiste à établir une palissade volante, en paille de maïs ou autres matières analogues pour paralyser l'effet des intempéries. Cet appareil devrait être beaucoup plus répandu qu'il ne l'est dans nos pays, car il a beaucoup plus d'efficacité que l'on est disposé d'abord à le croire, pour protéger et favoriser la végétation.

ARBORICULTURE.

Semis : Un arbre s'obtient par semis, marcotte et bouture. Le semis consiste à mettre en terre le pepin ou le noyau du fruit. Ce mode de multiplication est le plus naturel et le plus simple; malheureusement l'arbre obtenu ainsi ne produit jamais de fruits parfaitement identiques à ceux de l'arbre dont a été tirée la semence; mais si dans le fruit on ne retrouve à peu près toujours qu'une qualité inférieure et une tendance à dégénérer, l'arbre au contraire se développe avec une vigueur de végétation qui dépasse toujours celle de l'arbre greffé d'où provient le semis. De là l'avantage de la greffe pour la conservation des qualités recherchées dans les fruits, et leur amélioration même par la culture pratiquée à une exposition et dans un sol privilé giés. Mais le semis est le *seul* procédé à l'aide du quel on obtient une fois sur deux mille, en moyenne, une variété nouvelle, ayant des qualités satisfaisantes. Nous devons dire, toutefois, que chez les arbres à noyaux obtenus de semis la différence signalée est beaucoup moins sensible que chez les arbres à pepins.

En ce qui concerne les noyaux, il est essentiel, pour en favoriser la germination, de les mettre stratifier, c'est-à-dire de leur faire passer l'hiver dans du sable ou de la terre sèche, en les plaçant par lits successifs dans un pot et en couvrant chaque lit de deux ou trois doigts d'épaisseur de terre ou de sable; ils sont ensuite plantés, au mois de mars, en pépinière, si l'on veut en faire une, ou à demeure si l'on veut obtenir des sujets pour être greffés plus tard en place.

Quand un poirier est greffé sur poirier et un pommier sur pommier, etc., on dit que l'arbre est greffé sur franc. Dans cette condition l'arbre atteint un développement presqu'aussi fort que s'il n'eût pas été greffé. Si l'on veut des arbres de plus faibles dimensions, pour les soumettre à la taille en ne leur donnant qu'un emplacement restreint, on doit greffer le poirier sur cognassier, le pommier sur doucin, le cerisier sur merisier, le pêcher sur amandier (racines pivotantes, c'est-à-dire qui s'enfoncent perpendiculairement en terre) si l'on a un sol riche s'égouttant facilement, et sur prunier (racines traçantes, c'est-à-dire qui s'étendent horizontalement très-peu au-dessous de la surface du sol) si le terrain est médiocre ou humide. On obtient des arbres dans des limites encore plus étroites en greffant le pommier sur paradis et le cerisier sur bois de Sainte-Lucie ou Mahaleb, c'est-à-dire sur des sujets provenant de semis des plus petites espèces.

Marcotte : Ce mot, quand il s'agit de la vigne, se traduit par celui de *provignage*. Mais si les mots sont différents, l'opération qu'ils désignent est la même; elle consiste à coucher, dans une rigole pratiquée au pied du végétal à marcotter, une ou plusieurs ramifications de celui-ci, à les maintenir dans cette position par de petits crochets en bois et à les recouvrir de terre, excepté les deux ou trois yeux de l'extrémité. On conçoit que toutes facilités sont données pour émettre des racines, sur sa partie enterrée, au rameau dont la vie est toujours entretenue par la souche-mère avec laquelle ses canaux séveux n'ont pas cessé d'être en communication. Lorsque le rameau marcotté est suffisamment enraciné, on le sèvre et on le traite comme un plançon sortant de la pépinière; il a l'avantage de fournir un arbre donnant des fruits en tout semblables à ceux produits par l'arbre dont il a été détaché. Si la branche que l'on marcotte est assez flexible et assez longue, on peut la faire sortir et rentrer en terre sur plusieurs points, en vue d'obtenir autant de sujets. Pour les arbres ou végétaux quelconque dont les ramifications se montrent rebelles à la production des racines qui leur sont demandées, on peut stimuler l'émission de celles-ci par les moyens suivants :

1° Serrer la branche à marcotter par un lien en fil de fer sur l'écorce et sous un œil; 2° enlever au-dessous de l'œil un anneau d'écorce; 3° fendre la branche avec une lame d'instrument tranchant, ou pratiquer une coupure jusqu'à une profondeur qui ne devra jamais dépasser la moële, et mettre un petit coin en bois pour maintenir tant soit peu ouverte la fente ou la coupure dont il s'agit; 4° ou bien encore couper et enlever la moitié de l'épaisseur de la branche sur une longueur d'un ou deux travers de doigt. Si l'on veut marcotter une branche trop élevée ou trop cassante pour être amenée à terre, il faut alors trouver un moyen de lui donner la terre qu'il lui est impossible d'aller chercher; on remplit de terre ou terreau et l'on suspend à un piquet, d'une longueur convenable, un pot fendu destiné à cet usage, un vieux panier ou un vase composé de deux tuiles réunies par deux ou trois liens d'osier ou autres; on y introduit la branche à opérer, on arrose selon le besoin, et lorsque la marcotte sera en état de vivre par elle-même, au moyen de ses propres racines, on la détachera pour la mettre en place.

Bouture : Ce mode de multiplication est très-peu usité pour la reproduction des arbres fruitiers; il n'est pour ainsi dire pratiqué que pour la plantation de la vigne et de quelques arbres aimant le voisinage des eaux, tels que le saule, le peuplier, le platane, l'osier, le sureau, etc. L'opération consiste à planter une branche ou partie d'une branche détachée d'un végétal, comme s'il s'agissait d'un plançon pris en pépinière. Tout le monde sait à peu près comment on procède, en ce qui concerne les arbres ci-dessus désignés; mais pour les arbres à fruit dont la reprise n'est pas aussi prompte et aussi facile on n'emploie habituellement que des rameaux de l'année précédente, développés dans les meilleures conditions possibles de végétation (bien aoûtés, en termes de pratique).

Lorsqu'on peut laisser un talon à la bouture, la reprise en est plus certaine; pour obtenir ce talon, il est nécessaire de déchirer la branche en la tirant de haut en bas. Mais avec ce mode d'agir on peut défigurer l'arbre qui fournit la bouture, par l'enlèvement de l'écorce qui reste adhérente à la branche brusquement détachée. Un autre moyen, moins dangereux pour l'arbre et qui offre les mêmes avantages pour le succès de la reprise, consiste à obtenir un bourrelet au lieu d'un talon. On enlève. à cet effet, dans le courant de juin ou de juillet. un anneau d'écorce immédiatement au-dessous du point où l'on désire le bourrelet. On peut aussi, en serrant la branche avec un fil de fer obtenir le même résultat, Cette branche doit, autant que possible, être enlevée avant l'hiver, en lui laissant, au-dessous du bourrelet, une longueur d'un travers de doigt, et on la met provisoirement en terre; au printemps on retranche toute la longueur de bois que l'on avait laissée au-dessous du bourrelet et l'on plante à demeure. Un tronçon de racine peut aussi servir de bouture; on lui laisse une longueur de quinze à vingt centimètres; on l'enterre dans une position inclinée, le gros bout dirigé vers le bas et l'autre extrémité à fleur de terre.

On appelle bouture à crossette celle qui est faite au moyen d'un sarment de vigne ou d'une branche d'arbre qui a subi précédemment l'opération de la taille. Le nœud qui résulte de cette taille est désigné sous le nom de crossette; il a le même avantage que le bourrelet pour aider à la reprise.

La réussite de la bouture dépend beaucoup de l'époque de l'opération; il est toujours plus avantageux de la pratiquer au moment où la sève est sur le point de se mettre en mouvement qu'à tout autre époque. Quand la bouture n'a pas été détachée de la souche avant l'hiver, il est essentiel de la couper avant le développement des bourgeons; s'il est impossible de la planter immédiatement en place, on la mettra en terre, à l'exposition du nord, en attendant. Il n'est guère possible de déterminer la longueur de la bouture; mais il est indispensable de mettre en terre une longueur comportant au moins deux ou trois yeux et de laisser au moins deux yeux hors de terre.

Nous ne parlerons pas des boutures des plantes délicates qui se font à l'étouffé, sous cloche en serre chaude, ce sujet étant en dehors du cadre restreint que nous nous sommes tracé.

Greffe : La greffe est sans contredit le mode de multiplication le plus souvent employé pour obtenir les arbres à fruit. Comme la marcotte et la bouture, la greffe a l'avantage de donner toujours un arbre produisant des fruits absolument identiques à ceux de l'arbre dont elle provient. De nombreuses méthodes sont en usage pour pratiquer la greffe, nous ne parlerons que de celles dont nous nous servons de préférence.

1° *Greffe en fente* : Cette greffe, mise en usage et préconisée, il y a deux siècles, par notre grand maître, Jean de La Quintinie, est toujours celle à laquelle on revient en désespoir de cause; voici le procédé : On pose jusqu'à quatre scions qui peuvent être de variétés différentes et dont chacun est placé à l'extrémité de deux fentes pratiquées en croix sur le sujet coupé horizontalement. Columelle et Palladius ne veulent qu'une fente transversale et un scion à chaque extrémité. Bertemboise ne place qu'un seul scion sur les sujets faibles, dont la coupure est pratiquée en biseau, puis il établit (*fig.* 1) à demi-hauteur de la coupure, une surface horizontale (ce qui représente à peu près un bec de flûte) sur laquelle on pratique une fente pour recevoir la greffe qui doit être amincie à droite et à gauche à la base, en la laissant un peu plus épaisse en dehors qu'en dedans. Après la pose, enduire de cire à greffer ou d'onguent de Saint-Fiacre ; dans ce dernier cas, couvrir de chiffons ou de mousse et ligaturer. Si le sujet à greffer est d'une certaine grosseur, il est préférable de faire la coupure horizontale sur toute son épaisseur (*fig.* 2); pratiquer une ou deux fentes transversales et placer une greffe à l'extrémité de chacune d'elles sauf, en cas de succès complet, à retrancher plus tard celles qui seraient inutiles. Comme bien on le pense, pour que la reprise soit possible, il est indispensable que les canaux séveux de la greffe et du sujet soient mis en contact immédiat, au moins en un point. Si l'on s'aperçoit que l'écorce du sujet et celle de la greffe ne soient pas d'une égale épaisseur, on obtient le

5

résultat désiré en inclinant tant soit peu la greffe vers le centre du sujet, de telle sorte que les lignes de jonction de l'écorce et de l'aubier de l'un et de l'autre se rencontrent infailliblement sur un point, en se croisant. Cette greffe doit se pratiquer de préférence dans le courant de mars; elle réussit également bien en septembre. On peut la faire encore avec succès même pendant l'hiver, excepté pendant la gelée; on arrache le sujet, que l'on opère sur les genoux, au coin du feu, et que l'on remet ensuite en place.

Greffe par approche : Cette greffe est surtout utile pour remplacer les branches dont la mort fortuite a laissé sur les arbres des vides disgracieux et regrettables. Pour remplir ces vides un rameau inférieur est amené sur le point dénudé (*fig.* 3), une fente en forme de T est pratiquée à ce point sur l'écorce pour recevoir le rameau dont il s'agit, c'est-à-dire la greffe; celle-ci y est ensuite insérée après qu'on lui aura enlevé, au point de jonction, une lanière d'écorce et même un peu d'aubier pour faciliter la soudure, puis ligature et englûment après avoir ramené les lèvres de l'écorce sur la greffe. Si une deuxième et une troisième branches sont nécessaires sur le prolongement de celle que l'on vient d'opérer, et si la longueur du rameau servant de greffe est suffisante, la même opération est encore pratiquée à chaque point où l'on désire une branche. On peut aussi se servir, pour cette opération, d'un bourgeon herbacé auquel on enlève les trois quarts environ de son épaisseur au-dessous de l'œil qui doit servir de greffe. La pointe de ce bourgeon, préalablement coupée ou pincée au-dessus de l'œil dont il s'agit, est insérée sous l'écorce de la branche incisée à cet effet, et dont les lèvres sont ramenées sur la greffe; puis terminer l'opération comme il est dit ci-dessus; inutile d'ajouter que l'œil dont on attend une ramification ne doit pas être emprisonné sous l'appareil.

Si le pincement a été pratiqué quelques jours à l'avance, le bourgeon anticipé pourra servir de greffe. (Méthode de M. Piedloup.) Le meilleur moment pour pratiquer la greffe par approche est l'époque où la sève est en mouvement. La partie inférieure du rameau servant de greffe ne doit être enlevée qu'après que la soudure est parfaite, ce qui arrive ordinairement dans un délai d'un an.

Greffe à l'écusson : Elle peut être appliquée à toutes sortes d'arbres et d'arbustes; voici comment : 1° enlever à un rameau de l'année une plaque d'écorce ayant, au milieu, un œil bien conformé *(fig. 4)*; 2° insérer cet écusson, rendu aigu ou en pointe arrondie à la base et au sommet, sous l'écorce du sujet préalablement incisée en forme de T; 3° ramener les lèvres de l'écorce sur l'écusson dont l'œil doit rester à découvert; 4° ligaturer *(fig. 5)*. Dès que l'écusson est enlevé du rameau où il a été pris la feuille dont l'œil est accompagné doit être coupée en conservant la moitié de la longueur du pétiole (pied) qui facilite, en le tenant dans les doigts, l'opération du placage. Si quelques parcelles de bois restent adhérentes à l'écorce de l'écusson, elles sont enlevées avec précaution pour que la sève n'en soit pas endommagée. Si toutefois ces fractions de bois ne dépassent pas le quart environ de la surface de l'écusson on peut les laisser surtout quand elles se trouvent sur la racine de l'œil qu'il importe de ménager avec le plus grand soin. L'opération dont il s'agit est désignée sous le nom de greffe à œil poussant ou greffe à œil dormant. Dans le premier cas elle est faite en mai, juin et juillet; le bourgeon se développe dans le courant de l'été. Dans le second cas elle se pratique au mois d'août et l'œil reste endormi jusqu'au printemps. En ce qui concerne le pêcher, dont les yeux ne sont pas toujours faciles à distinguer des boutons à fleur, on choisira pour greffer des yeux triples parce qu'alors on est assuré que celui du milieu est à bois. Il est d'ailleurs à propos, si l'on s'aperçoit quand arrive le moment de greffer, que les yeux ne soient pas suffisamment développés, de pratiquer le pincement au-dessus de ceux dont on a besoin, quelques jours à l'avance, pour leur donner une plus grande vigueur.

Quinze jours environ après la pose de l'écusson, si l'on n'aperçoit pas les signes certains de la reprise, on peut recommencer l'opération une seconde fois; la première est manquée. On aura soin de n'enlever la partie supérieure du sujet qu'après l'apparition des indices non équivoques de la soudure; la coupure devra se faire à dix centimètres environ au-dessus de l'écusson pour ménager tout à la fois un bourgeon d'appel pour la sève et un point d'appui pour le palissage du bourgeon que produira la greffe. Le retranchement au point de jonction ne sera effectué qu'après que la jeune tige sera en état de se soutenir d'elle-même, sans danger. Jusqu'à ce moment on devra tenir pincé court le bourgeon d'appel dont on a parlé, afin de ne pas lui laisser absorber une trop grande quantité de sève aux dépens de la greffe; puis on enlèvera successivement, en cours de végétation, toutes les ramifications qui pourraient exister au-dessous de l'écusson.

Greffe en couronne : Si l'on tient à changer la variété des fruits d'un arbre ou à rajeunir quelques vieux arbres dont les racines se trouvent encore dans de bonnes conditions de végétation, on recépe la tige à une hauteur quelconque et on lui applique la greffe en couronne. La coupure du sujet ayant été faite horizontalement, on place autour, en les insérant entre l'écorce et l'aubier, plusieurs greffes dont l'ensemble représente une couronne. Chacune de ces greffes est amincie en bec de flûte, en lui faisant un cran à la naissance de la coupure; ce cran, au moment de la pose de la greffe, est appuyé sur l'aubier du sujet afin de donner une plus grande solidité à l'appareil; puis on garnit et on ligature comme pour la greffe en fente.

Nous dirons qu'il est assez rare d'obtenir, par ce procédé, des arbres bien venants et bien conformés; nous préférons, pour notre part, renouveler la plantation à neuf; les arbres sont plus faciles à conduire et le coup-d'œil plus satisfaisant. Si la greffe en couronne offre quelque avantage, ce ne peut être que pour les arbres grand-vent sur lesquels l'opération se pratique à deux ou trois mètres au-dessus du sol. Il n'est guère possible de pouvoir déterminer, d'une façon précise, la longueur à donner aux scions employés pour les greffes en fente et en couronne; mais il est essentiel que chacun d'eux soit muni de trois ou quatre bons yeux. L'œil de la base pourra être placé très-peu au-dessus du niveau de la coupure du sujet, mais assez cependant pour que son développement puisse s'effectuer sans être gêné par l'appareil. On choisira, autant que possible, un temps nuageux sans pluie pour greffer, autrement il sera bon de couvrir la greffe d'un cornet de papier qu'on pourra laisser jusqu'à ce que les indices de la reprise se soient manifestés. Les précautions nécessaires seront prises pour que l'appareil soit mis parfaitement à l'abri de l'air extérieur et de l'humidité. Si au moment de la greffe en fente ou en couronne on n'a pas de cire à greffer, on fabriquera de l'onguent de Saint-Fiacre qui n'est autre chose qu'un mélange, à l'état de mortier un peu épais, composé d'un tiers de terre argileuse, d'un tiers de bouse de vache et d'un tiers de cendre de foyer. Les ligatures de greffes par approche et à l'écusson devront être en fil de laine, en écorce de tilleul, d'osier ou autres matières élastiques afin que les bourgeons ne soient pas gênés dans leur développement par l'inflexibilité d'un lien trop serré; on pourra d'ailleurs vérifier pour s'assurer de l'état des choses et desserrer au besoin.

Pour les greffes en fente ou en couronne à pratiquer au printemps, on fera bien de détacher, quelque temps à l'avance, les scions devant servir à l'opération; ils seront, en attendant, placés à l'exposition du nord, la base plantée en terre; s'ils doivent être transportés à une certaine distance, on les piquera dans une boule de terre humide, à laquelle on donnera une enveloppe quelconque. Nous ferons remarquer, à ce propos, que la greffe réussit toujours mieux alors que la sève du sujet est tant soit peu en avance sur celle du scion.

Plantation.

Elle peut se faire à partir de la fin d'octobre jusqu'au commencement d'avril, excepté pendant la gelée; mais la plantation faite en novembre est préférable, tant pour le succès de la reprise que pour l'avancement de la végétation. Si l'on a un terrain qui s'égoutte difficilement, on aura soin de l'assainir au moment du défoncement ou du creusage des trous destinés à recevoir la plantation. Si l'on plante par un temps humide on jettera dans les creux de la terre sèche tenue en réserve à cet effet. Les racines seront raccourcies par une coupe ronde et non oblique, en leur laissant une longueur de 0 ^{m} 15 à 0 ^{m} 20 pour les arbres faibles, et de 0^{m} 25 à 0^{m} 30 pour les arbres forts; celles qui seront endommagées seront ravalées au moins jusqu'au point où commencera la meurtrissure. Après avoir fait tomber au fond du creux de la terre meuble, pour asseoir les racines, chaque arbre sera mis en place en le tenant droit et en ayant soin de ne pas l'enterrer trop profond, afin que le nœud de la greffe reste à découvert. On jettera sur les racines une couche de 0 m 10 de menue terre sur laquelle on pourra ajouter une pareille épaisseur d'engrais bien consommé. On aura soin de bien étendre sur les racines la menue terre dont il s'agit afin qu'il ne reste aucune cavité autour d'elles. La fosse sera ensuite comblée en appuyant doucement avec le pied pour tasser régulièrement et sans secousse la terre qui devra former une petite butte autour du pied de l'arbre. En mettant l'arbre en place, s'il s'agit d'un espalier ou d'un contre espalier, on ne devra pas oublier de tourner convenablement les yeux sur lesquels doit se faire la première taille et dont le développement doit former le premier étage de la charpente.

Taille des arbres à fruit.

Avant de passer à la taille des arbres, il est bon de connaître la signification des mots relatifs à cette opération :

L'œil est l'embryon du bourgeon.

Le bourgeon est le premier état du rameau.

Le bouton, toujours plus gros que l'œil, est l'embryon de la fleur et du fruit.

Le bourgeon anticipé est le bourgeon né l'année même de la formation de l'œil.

Le rameau est une branche d'un an.

Le dard est une production fruitière d'une longueur de deux à quatre travers de doigt.

La bourse est une production fruitière renflée après la fructification.

La lambourde est une production fruitière très-courte qui prend naissance sur la bourse.

La brindille est la plus longue et la plus mince des productions fruitières.

Le cran est une entaille en forme de Λ, faite en entamant un peu l'aubier, au-dessus d'un œil endormi, pour le faire partir, ou d'une branche faible pour en favoriser la végétation; ou bien en forme de V faite au-dessous d'une branche forte pour en ralentir la vigueur. (*Fig.* 19 et 20.)

Le pincement est l'enlèvement, avec le pouce et l'index, de l'extrémité d'un bourgeon.

L'arbre franc de pied est un arbre provenant de semis.

Aubier — couche de bois la plus près de l'écorce.

Liber — tissu fibreux très-mince de l'intérieur de l'écorce, en contact avec l'aubier.

Sève — liquide qui circule entre le liber et l'aubier chez les arbres, et dans toute l'épaisseur du bois chez la vigne.

Aisselle — point où se trouve l'œil entre la feuille et la branche.

Rapprocher une branche, c'est la raccourcir sur la taille de l'année précédente.

Ravaler une branche c'est la couper à son insertion.

L'insertion est le point de jonction d'une branche à celle qui la porte.

Tailler sur l'empatement ou la couronne, c'est tailler au point de jonction, en laissant toutefois le bourrelet ou rides qui se trouvent à ce point et qui renferment les yeux stipulaires ou sous-yeux chez tous les arbres, excepté le pêcher.

Espalier — arbre dressé contre un mur.

Contre-espalier — arbre dressé sur un treillage en plein air.

Égoïne — petite scie à manche ayant une lame pointue.

Rafraîchir une coupure c'est en polir la surface avec la serpette; opération très-essentielle, surtout quand on s'est servi de l'égoïne. Lorsqu'une coupure présente une certaine largeur, on doit avoir soin aussi de la couvrir de mastic à greffer ou d'onguent de Saint-Fiacre.

Avantages de la taille.

Les arbres abandonnés à leur propre végétation prennent ordinairement une forme assez irrégulière, la sève se portant de préférence sur les points où les canaux sont le plus largement ouverts à sa circulation ; ils sont toujours très-longs à se mettre à fruit et sont sujets à saisonner, c'est-à-dire que la fructification n'arrive que tous les deux ans. L'année d'abondance les fruits étant trop nombreux et trop serrés restent petits; l'année suivante la récolte est nulle la plupart du temps. L'opération de la taille, appliquée avec discernement, fait disparaître ces divers inconvénients : la production du jeune arbre arrive plus tôt; elle est mieux répartie chaque année; les fruits, bien qu'étant plus gros, sont aussi plus rapprochés de la branche de charpente et sont dès lors moins sujets à être détachés par la violence des vents; enfin les arbres, étant réduits à de plus faibles dimensions, peuvent être plus nombreux sur une surface donnée, ce qui donne la facilité d'avoir un plus grand nombre d'espèces ou de variétés; puis, en leur imprimant des formes plus élégantes et appropriées à l'espace qui leur est assigné, ils sont susceptibles d'être placés avantageusement soit en espalier soit en contre-espalier, sans être gênants.

Dans les différentes opérations relatives à la conduite des arbres, on ne devra jamais perdre de vue que la branche verticale absorbe plus de sève et prend plus de vigueur que la branche oblique et celle-ci plus que l'horizontale; d'où il suit que redresser une branche, c'est lui donner de la force; l'abaisser c'est l'affaiblir. Pour les arbres à tige verticale, chaque taille de celle-ci devra être faite sur un œil opposé à celui de la taille précédente, afin de maintenir son prolongement suivant une direction droite et régulière. S'il s'agit d'un arbre en espalier ou en contre-espalier, l'œil sera toujours choisi en arrière ou en avant.

Pour faire la taille on peut se servir indifférement du sécateur ou de la serpette. Si l'on emploie le sécateur, on aura soin de tourner le crochet, qui sert de point d'appui, du côté de la partie à supprimer, la lame seule se trouvant alors en contact avec la partie à conserver ne pourra lui occasionner aucune égratignure, surtout si au moment de la pression de l'instrument on imprime à la main un léger mouvement du côté du crochet.

La première taille d'un arbre d'un an ou deux de greffe consiste à réduire la jeune tige à l'état de manche à balai (*B. fig.* 6), en conservant les yeux nécessaires tant à son prolongement qu'à la formation du premier étage de la charpente. Si l'arbre était plus âgé, on pourrait utiliser les branches qui se trouveraient convenablement placées. La taille doit être pratiquée de telle sorte que l'insertion des branches les plus basses, lorsquelles seront développées, soit à 0 m 25 environ au-dessus du sol. Pour les arbres à pepins, si la plantation a été faite au printemps, ils sont taillés dans un an; si la plantation a été faite en automne, ils sont taillés seize mois environ après, alors que les racines ont décidément pris possession du terrain.

Pour le pêcher et les autres arbres à noyaux, si la plantation a été faite en automne, ils sont taillés au printemps suivant; s'ils sont plantés au printemps, la taille se fait à l'instant même; voici pourquoi : Sur le pêcher, si l'on n'oblige pas les yeux à partir et à se développer l'année qui suit leur formation, ils sont annulés pour toujours. Si parfois le contraire arrive, c'est une exception excessivement rare.

La taille doit être oblique; elle se fait à trois millimètres au-dessus de l'œil terminal qui doit être placé comme on l'a précédemment indiqué.

Arbres à pepins. — POIRIER EN PYRAMIDE. — *Deuxième taille :* Elle consiste, 1° à couper, sur un œil opposé à celui de la taille précédente, la tige ou flèche à 0 m 15 environ pour les arbres d'une faible vigueur, et à 0 m 40 pour les arbres vigoureux, au-dessus de la dernière taille, en laissant toujours cinq ou six yeux pour former le deuxième étage *(C. fig. 7)*; 2° à couper les rameaux latéraux, savoir : le plus haut à 0 m 08 ou 0 m 10 environ de longueur *(A. fig. 7)*, le suivant à 0 m 10 ou 0 m 12 et ainsi de suite, avec une augmentation de longueur en descendant de deux ou trois centimètres pour chacun d'eux. La taille sera établie sur un œil en dehors ou du côté du plus grand vide. On pourra, d'ailleurs, au moyen de brides ou baguettes, diriger chaque bourgeon sur le point où on le désire; il sera bon de lui donner une direction ascendante formant avec la tige un angle incliné à 0 m 40 environ. Quand un rameau reste faible, on le redresse et on fait un cran au-dessus *(B. fig. 7)*; s'il est trop fort, on l'incline, on le taille court, et au besoin on fait un cran au-dessous *(D. fig. 7)*; s'il menace de s'emporter, on le pince en cours de végétation sur deux ou trois feuilles et on le taille sur la couronne au printemps suivant, afin d'obtenir par l'un des sous-yeux un bourgeon plus faible et mieux constitué pour la formation régulière de la charpente.

Troisième taille : Elle consiste à couper la dernière pousse de la flèche et les rameaux latéraux à peu près à la même longueur que celle qu'on a laissée à ceux de l'année précédente *(fig.* 8). Quant aux branches formant le premier étage, elles sont coupées à cinq ou six yeux, en moyenne, au-dessus de la dernière taille. Toutes les autres tailles seront faites dans les mêmes dimensions et conditions que la troisième.

Quand la pyramide est formée, son diamètre à la base peut varier d'un tiers à la moitié de sa hauteur *(fig.* 9). En cet état, la taille annuelle se réduit à un ou deux yeux sur la dernière pousse.

Poirier et pommier en gobelet. — *Première taille :* Elle sera faite sur trois yeux, convenablement placés pour produire autant de rameaux qui formeront le fond du vase.

Deuxième taille : Elle consiste à laisser une bifurcation latérale à chacun des rameaux obtenus par la taille précédente à 0 m 25 ou 0 m 30 de son insertion.

Troisième taille : Elle se fera un peu plus longue que la précédente, mais toujours en vue d'obtenir les mêmes résultats. Lorsque le nombre des branches de charpente, qui devront être espacées à 0 m 25 ou 0 m 30 l'une de l'autre, sera suffisant, les tailles suivantes seront faites sur un œil en dehors à 20 ou 30 centimètres au-dessus de la dernière pousse. Le vase terminé peut avoir 2 m à 2 m 50 de hauteur et 1 m 50 environ de diamètre. Les branches supérieures seront alors courbées, entrelacées et disposées en cercle pour remplacer celui en bois sec qui aura dû être placé dans l'intérieur du vase, à la troisième taille, pour faciliter la direction des rameaux et la formation de la charpente.

PALMETTE CANDÉLABRE OU PALMETTE VERRIER. — *Première taille :* Elle se fait sur trois yeux choisis l'un, le plus haut, en avant ou en arrière pour prolonger la tige, les deux autres l'un à droite l'autre à gauche pour former le premier étage de la charpente à 0 m 25 ou 0 m 30 du sol (*fig.* 10). Au moment de la taille, des baguettes flexibles sont placées en forme d'arc surbaissé pour palisser (attacher) les bourgeons latéraux, en vue d'amener progressivement les branches à la forme désirée; le bourgeon de prolongement de la tige sera palissé verticalement. On aura soin, après avoir fait suivre aux bourgeons latéraux une ligne courbe, presque horizontale, sur les deux tiers de leur longueur, d'en redresser l'extrémité verticalement afin de favoriser leur végétation. Chaque année on devra en agir ainsi, en abaissant de plus en plus les branches latérales jusqu'à ce qu'elles arrivent au point fixé à leur prolongement horizontal; puis elles seront redressées définitivement à ce point et dirigées verticalement, en leur imprimant un contour largement arrondi, crainte de rupture. Si en cours de végétation un bourgeon latéral reste faible, on le redresse en l'éloignant un peu du mur et l'on fait un cran au-dessus; s'il en est un trop fort on l'incline, on fait un cran en-dessous et on le pince au besoin. Quand on voit le bourgeon vertical prendre trop de vigueur, on le pince à 40 ou 45 centimètres, c'est-à-dire un peu au-dessus de la taille de l'année suivante.

Si au moment de la taille un œil fait défaut au point fixé pour l'étage, on aura soin de prendre, quand se développera la végétation, un bourgeon inférieur que l'on dirigera jusqu'à ce point en l'appuyant contre la tige pour lui imprimer ensuite la direction ci-dessus indiquée. S'il y a trop de distance à parcourir, on fera l'application d'une greffe par approche ou à l'écusson. Quand un arbre est vigoureux on peut prendre, par le pincement, un étage en été, outre celui déjà pris par la taille.

Deuxième taille : Elle se fait à 0 m 25 au-dessus de la précédente, dans les mêmes conditions et en vue d'obtenir les mêmes résultats. Les rameaux latéraux du premier étage ne sont pas taillés s'ils sont égaux; dans le cas contraire le plus long est coupé à la longueur du plus court qui reste entier *(I. fig.* 11). Toutes les autres tailles sont semblables à la deuxième *(fig.* 12, 13, 14). Quand l'arbre est formé on laisse seulement à chaque taille un ou deux yeux sur la dernière pousse.

Si l'on n'a qu'un espace restreint à donner à son arbre, on fait une palmette à trois ou à cinq branches, ou simplement une forme en U *(fig.* 15). Pour cette dernière forme, on taille sur deux yeux latéraux dont la végétation, dirigée d'abord sur un demi-cercle de 0 m 30 environ de diamètre et redressée ensuite verticalement, donne toute la charpente. Tant que l'équilibre de ces deux branches est maintenu, la taille est inutile; quand il est rompu on le rétablit par les moyens indiqués ci-dessus *(R. fig.* 15).

Lorsque le mur dont on dispose ne présente pas une élévation suffisante on devra, au lieu de la forme en U simple, établir la forme en U double *(fig.* 16) pour donner plus de développement à la charpente et ne pas trop restreindre l'élan de la végétation. L'U double s'obtient en commençant la base de l'arbre comme pour la forme en U simple, en donnant un écartement assez évasé aux deux bras produits par la première taille, afin de pouvoir ménager entre les branches charpentières l'intervalle de 0 m 30 indiqué plus haut. Sur chacun de ces bras un U sera établi à la deuxième taille ou dans le courant de l'été, si la vigueur de la végétation permet de l'obtenir par le pincement. Chacune des deux bifurcations dont il s'agit devra être assise sur le point où le bras qui lui servira de base commence à prendre la direction verticale.

C'est avec raison que M. Verrier a recommandé les formes en palmette candélabre et en U; ce sont à la fois les plus faciles à obtenir et celles des arbres en espalier dont la charpente se rapproche le plus du développement naturel de la végétation livrée à elle-même.

PALMETTE DOUBLE. — *Première taille* : Comme pour la forme en U.

Deuxième taille : Aucune si les deux rameaux obtenus par la première taille sont égaux; dans le cas contraire les équilibrer et favoriser, pendant la végétation, le développement à leur base de chaque bourgeon latéral destiné à former le premier étage.

Troisième taille : Elle consiste, 1° à couper chacune des deux tiges verticales à 0 m 25 au-dessus du rameau latéral du premier étage, sur un œil placé en avant ou en arrière et dont le développement formera le prolongement de chaque tige, en ayant soin de s'assurer de la bonne constitution de chacun des deux yeux latéraux dont les bourgeons sont destinés à la formation du second étage; 2° si les deux rameaux du premier étage sont égaux, aucune taille; dans le cas contraire les équilibrer.

Toutes les autres tailles sont semblables à la troisième.

Une autre méthode consiste à traiter les rameaux obtenus par la première taille comme s'il s'agissait de la palmette Verrier, en les inclinant sur la ligne presque horizontale suffisamment prolongée pour les faire servir à la formation du premier étage. A la deuxième taille on prend au-dessus, à 0 m 30 l'une de l'autre, les deux tiges verticales qui fourniront, les années suivantes, tous les étages à partir du deuxième, étant assises elles-mêmes sur le premier. La symétrie pour cette forme est moins facile à obtenir que pour les formes précédentes, à raison de l'équilibre qui fait assez souvent défaut entre les deux branches verticales, sur lesquels sont pris les étages de la charpente.

Palmette croisée : On la commence comme la double palmette (2e méthode); mais au lieu de laisser monter verticalement les branches, qui prennent naissance à 0 m 30 l'une de l'autre, sur chacun des deux bras de la souche, on les incline à 40 degr. environ en dedans. Par cette inclinaison en sens inverse et le croisement de plusieurs branches formant losange on obtient à la fois une forme très-solide et très-gracieuse. (Voir sur la couverture.)

Cordon horizontal : Pour l'obtenir on plante les arbres à deux mètres de distance les uns des autres, en les inclinant tous du côté où on les abaissera, un an après la plantation, à 30 ou 40 cent. au-dessus du sol (*fig.* 18). Lorsqu'un arbre en atteint un autre, on fait, si l'on veut, la greffe par approche.

Pendant le cours de la végétation tous les bourgeons, moins celui qui prolonge la tige, seront convertis en rameaux à fruit par le pincement ou le cassement, comme on le verra plus loin à l'article concernant les productions fruitières. A la taille de mars on coupe ces rameaux à trois ou quatre yeux, et l'on rabat sur les rides ou sur la couronne ceux qui sont trop forts.

Fuseau : L'arbre soumis à cette forme se met promptement à fruit; mais il n'a qu'une existence fort limitée.

Première taille : 1° Coupure de la tige au-dessus des deux tiers de sa hauteur; 2° coupure des rameaux latéraux sur quatre ou cinq yeux. Les années suivantes : 1° Coupure de la tige au-dessus des trois quarts de la longueur de la dernière pousse; 2° coupure des rameaux latéraux à trois ou quatre yeux; 3° coupure sur deux ou trois yeux de la dernière pousse des branches latérales du premier étage. On continuera chaque année dans la même proportion pour la tige et en réduisant toujours un peu plus en montant la longueur des branches latérales. On aura soin de couper aussi, sur la couronne ou sur les rides, toutes les productions fruitières dont la grosseur dépassera celle d'un sarment ordinaire.

Cordon oblique simple : Lors de la plantation, qui se fait à 0 m 50 les uns des autres, tous les arbres sont inclinés du même côté, à 40° ou 45° (*fig.* 17).

La taille qu'il convient d'appliquer à chacun des arbres ainsi disposés est la même que celle du fuseau.

Cordon oblique pour garnir l'extrémité d'un mur : *La première taille* ayant été faite sur deux yeux, l'un pour le prolongement vertical de la tige, l'autre pour obtenir la branche inclinée la plus basse, la *deuxième taille* consiste à couper la tige à 0 m 30 au-dessus de la dernière taille pour obtenir également un nouveau prolongement vertical et une nouvelle branche inclinée.

Les autres tailles seront toutes faites de la même façon que la seconde. Quand l'équilibre sera rompu, on le rétablira en ayant soin que l'inclinaison de toutes les branches latérales, quand l'arbre sera formé, prennent une inclinaison uniforme de 40 ou 45 degrés.

Demi-Pyramide : Cette forme, que l'on voit dans beaucoup de jardins, tient le milieu entre la pyramide et le fuseau. Un grand nombre de poiriers sont conduits sous cette forme au jardin de la Préfecture, à Bourg, et leur produit est assez avantageux.

Première taille : Comme pour la pyramide.

Deuxième taille : 1° Coupure de la tige à 0 m 50 au-dessus de la première taille; 2° coupure des rameaux latéraux à demi-longueur environ de ceux de la pyramide; continuer les années suivantes dans les mêmes conditions et dimensions, en un mot donner un peu plus qu'à la pyramide de longueur à chaque taille de la tige et un peu moins aux rameaux latéraux, cette forme n'ayant pas de dimensions excessivement rigoureuses.

TAILLE DES PRODUCTIONS FRUITIÈRES DES ARBRES A PEPINS.

Après la taille annuelle de chaque branche de charpente, les yeux placés au-dessous de la coupure produisent des rameaux dont on doit faire des productions fruitières; à cet effet on les pince ou on les casse, pendant la végétation, au-dessus de sept ou huit feuilles; la brindille seule, dont nous parlerons plus loin, est exceptée de cette opération. A la taille de mars on coupe ces productions au-dessus de deux ou trois yeux pour les arbres faibles, et au-dessus de quatre ou cinq yeux pour les arbres vigoureux. Les rameaux trop forts ne donnant que très-tardivement et assez rarement du fruit, il importe, dès qu'une production fruitière dépasse la grosseur d'un sarment ordinaire, de la rabattre sur la couronne ou sur les rides dans le but d'obtenir, au moyen des sous-yeux, un rameau moins fort et plus fertile. Après cette opération deux bourgeons surgissent ordinairement au même point; on choisit le plus faible pour remplacer la production fruitière supprimée et on enlève l'autre.

Le dard une fois formé doit rester intact; la brindille ne se taille qu'après avoir fructifié; on la coupe ensuite chaque année sur l'œil placé immédiatement au-dessous du terminal jusqu'à ce qu'elle soit réduite à la longueur du dard. Dans le cas exceptionnel où elle serait trop vigoureuse on lui appliquerait, suivant le besoin, la taille sur la couronne ou au-dessus de deux ou trois yeux, comme les rameaux de moyenne vigueur.

La taille des productions fruitières de tous les arbres à pepins se fait de cette façon là, en ayant soin de ne pas laisser plus de trois bifurcations sur chacune d'elles et d'enlever, par le pincement, tous les bourgeons inutiles en cours de végétation.

Quant une production fruitière arrive à un état de décrépitude qui la rend difforme et improductive , on la renouvelle au moyen de la taille sur les rides de sa base dont l'un des bourgeons produits par le développement des sous-yeux sera converti en rameau à fruit par les soins indiqués plus haut; car sur les arbres à pepins, partout où il y a des rides il y a des sous-yeux qui attendent pour partir qu'une opération efficace les y oblige.

Pêcher. — PALMETTE CANDÉLABRE OU PALMETTE VERRIER. — Le pêcher ayant une végétation plus vigoureuse que les arbres à pepins et à raison aussi du mode différent de la taille des productions fruitières, il importe que l'intervalle qui sépare les étages et les branches de charpente soit établi à une plus grande distance que pour ceux-ci. Cet intervalle, qui peut varier selon la qualité du terrain plus ou moins convenable à la végétation, peut être fixé en moyenne à 0 m 50.

Après la première taille, établie sur trois yeux convenablement choisis pour le prolongement de la tige et la formation du premier étage de la charpente, on place des baguettes pour faciliter le palissage suivant la direction à donner à chaque rameau. Les bourgeons latéraux inclinés presque horizontalement sur les deux tiers de leur longueur devront toujours avoir leur extrémité redressée verticalement pour que leur végétation soit favorisée. Celui qui prolonge la tige, à raison de sa position verticale, absorbant une plus grande quantité de sève et prenant plus de vigueur que ceux qui sont inclinés, sera pincé à 0 m 20 environ de son point de départ. Les bourgeons anticipés que fera partir cette opération seront tous pincés sur une ou deux des petites feuilles du talon, excepté le bourgeon vertical qui prolonge la tige. Ce bourgeon, toujours pour le motif déjà indiqué, devra être encore pincé à 0 m 20 ou 0 m 25, ce qui produira avec la hauteur du premier pincement une longueur de tige de 40 à 45 centimètres; les bourgeons anticipés latéraux produits par ce second pincement seront également enlevés. En agissant ainsi on obtient à peu près toujours des yeux bien constitués sur la partie de la tige qui se trouve immédiatement au-dessus du second pincement, c'est-à-dire au point où doit être formé l'étage que l'on désire obtenir. Quand un arbre est excessivement vigoureux, un troisième pincement est quelquefois nécessaire.

Une chose que l'on ne doit pas négliger ensuite, c'est la vérification, à la fin de juillet, de l'état des yeux dont on a besoin, et si parfois il arrive qu'ils soient mal conformés ou mal placés, on a recours alors à la greffe à l'écusson qui, dans ce cas, doit se pratiquer sans retard. Un autre moyen pour obtenir la symétrie régulière de la charpente, lorsque les yeux se trouvent mal placés, consiste à tailler la tige sur un œil, en avant ou en arrière, à quelques centimètres au-dessous du point fixé pour l'étage à former; le bourgeon produit par cet œil sera pincé, dès qu'il aura cinq ou six centimètres, sur une bonne feuille de la base; un bourgeon anticipé partira immédiatement de ce point là; or un bourgeon anticipé a toujours près de son insertion deux yeux opposés; si on le pince sur l'œil placé immédiatement au-dessus des deux yeux opposés, on obtiendra trois bourgeons qui serviront à la formation de l'étage dont il s'agit.

Quand on a un arbre vigoureux, on peut former deux étages dans une année, l'un par la taille, l'autre par le pincement. Si au contraire l'arbre est faible, on ne lui demande parfois qu'un étage en deux ans. On conçoit qu'alors la taille doit être réduite à la moitié de la hauteur précédemment indiquée pour chaque étage, et l'on coupera les branches latérales à la moitié ou aux deux tiers de la longueur des moyennes.

Quant à la taille des branches latérales des arbres d'une vigueur ordinaire, elle sera la même que celle du poirier; elle se réduira à maintenir l'équilibre entre elles et à leur faire décrire, dans leur prolongement, une ligne courbe suivant un arc de plus en plus surbaissé chaque année jusqu'à ce qu'elles arrivent, dans leur développement horizontal, à la limite qui leur a été fixée. A partir de ce point là chaque branche sera redressée, avec précaution, pour être dirigée verticalement en vue de lui faire atteindre la partie supérieure du mur en même temps que sa correspondante. Pendant le cours de la formation de l'arbre, on ne devra jamais perdre de vue qu'il importe de faire arriver en haut du mur la partie verticale des branches inférieures et intermédiaires en même temps que les branches de l'étage supérieur. Pour obtenir ce résultat on devra veiller sans cesse à ralentir, par les opérations efficaces, la végétation des parties verticales et élevées de l'arbre où la sève se porte toujours de préférence. Outre ce qui a été dit à ce sujet, nous recommandons encore de les tenir, par la taille et le pincement, relativement plus courtes que les branches des premiers étages formés.

Un moyen aussi qui réussit toujours pour activer la végétation d'une branche quelconque consiste à pratiquer, sur toute l'épaisseur de l'écorce, une incision longitudinale partant de son insertion et allant aboutir presqu'à son extrémité. Cette opération doit avoir lieu dans le courant de mai, pour éviter l'apparition de la gomme; inutile de dire qu'elle doit être conduite de façon à ne pas endommager les bourgeons et les yeux utiles.

Lorsque toutes les branches de charpente arrivent à la hauteur qu'elles doivent atteindre, la taille se réduit alors à laisser deux ou trois yeux sur la dernière pousse. On laisse aller sans les pincer les bourgeons de prolongement des branches dont la végétation est nécessaire pour appeler la sève à vivifier également toutes les parties de l'arbre.

Pour les formes en double palmette, en U simple, en U double, en cordon oblique et en cordon multiple, la taille de la charpente est la même que pour les formes semblables auxquelles nous avons soumis le poirier, en tenant compte de l'augmentation d'intervalle à laisser entre les étages et les branches de charpente, ainsi qu'il est dit au commencement de ce chapitre. Nous ajouterons que moins on laisse de branches de charpente à un arbre, plus on doit leur donner de longueur à titre de compensation, afin de ne pas trop restreindre le développement normal de la végétation.

Taille des rameaux a fruit du pêcher. — Le pêcher ne produisant du fruit que sur les rameaux de l'année précédente, lesquels deviennent ensuite improductifs, le point essentiel de l'opération consiste : 1° à enlever à la taille de mars les rameaux qui ont fructifié; 2° à conserver ceux qui doivent porter fruit l'année présente; 3° à ménager les yeux nécessaires à la formation des rameaux fructifères pour l'année suivante.

On doit enlever aussi tous les rameaux qui sont en avant et arrière de chaque branche de charpente, en réservant seulement ceux du dessus et du dessous, si l'on a une branche horizontale ou oblique, et ceux de droite et de gauche s'il s'agit d'une branche verticale; de sorte qu'après la taille chacune de ces branches imite à peu près une arête de poisson. Une distance de 10 à 15 centimètres sera établie entre les rameaux réservés. Ces rameaux seront taillés plus ou moins longs, selon leur vigueur et leur position. Les plus vigoureux, qui sont ordinairement ceux du dessus de la branche horizontale ou oblique, seront coupés sur sept ou huit boutons à fleur, les moyens sur quatre ou cinq, les faibles sur deux ou trois. La taille sera établie sur un œil à bois ou sur un bouton à fleur accompagné d'un œil à bois, afin d'avoir, dans tous les cas, un bourgeon d'appel pour la sève. Les rameaux qui n'auront pas une vigueur satisfaisante seront taillés sur un ou deux yeux à bois, afin d'obtenir au moins un rameau fructifère pour l'année suivante. Au moment de la taille, si deux ou plusieurs rameaux se trouvent réunis au même point, il va de soi qu'un seul doit être conservé. La seconde année et les années suivantes, le rameau de remplacement sera choisi le plus près possible de la branche de charpente, au talon du rameau qui a porté fruit. Ce talon qui s'allonge, par la taille, un peu chaque année, prend alors le nom de branche coursonne. Si parfois l'on rencontre (cela se voit sur les arbres déjà formés) des productions courtes terminées par un œil à bois entouré de plusieurs boutons à fleur, et désignées sous le nom de bouquet de mai, on devra bien se garder de les couper, ce sont celles qui produisent les plus belles pêches.

La première chose à faire, après la taille des rameaux à fruit, c'est leur palissage. Cette opération se pratique en donnant une direction presque horizontale aux rameaux des branches verticales et à ceux du dessus des branches obliques, afin d'en modérer la vigueur; ceux du dessous de ces mêmes branches, ainsi que ceux des branches horizontales, seront palissés suivant une ligne oblique en avant.

Un mois environ après cette opération, lorsque la végétation commencera à se développer, on fera l'ébourgeonnement qui consiste à enlever tous les bourgeons inutiles qui absorberaient la sève mal à propos, en conservant ceux qui sont nécessaires, comme on l'a dit plus haut. Les bourgeons qui accompagnent les fruits, le terminal comme les autres, seront tous pincés au-dessus de cinq à six feuilles (0 m 15 environ de longueur), en vue de refouler la sève tant sur les fruits que sur le bourgeon de remplacement. Quand celui-ci atteint une longueur de 0 m 30 il doit être palissé, et quand il arrive à 35 ou 40 cent., il doit être ramené, par le pincement, à la longueur de 0 m 30. On conçoit dès lors que le palissage ne doit pas être fait en bloc, mais qu'il importe, au contraire, de ne l'effectuer qu'au fur et à mesure de l'arrivée de chaque bourgeon à peu près à la longueur ci-dessus indiquée; il sera bon de lui donner, dès ce moment, la direction qu'il devra recevoir définitivement après la taille de mars. Dans le courant de l'été, si un rameau vient à perdre ses fruits, il doit être taillé en vert immédiatement au-dessus du bourgeon de remplacement. S'il ne reste qu'un ou deux fruits sur un rameau qui en avait plusieurs, tous les bourgeons privés de leurs fruits doivent être enlevés. Si le bourgeon de remplacement annonce une trop grande vigueur, on le pince sur deux bonnes feuilles et l'on choisit, en cours de végétation, parmi les bourgeons anticipés produits par ce pincement, le plus convenable pour tenir lieu de celui qui a été pincé, car les bourgeons anticipés doivent, en toutes circonstances, être traités et utilisés comme les bourgeons primitifs, pourvu toutefois qu'ils aient une constitution satisfaisante. Si le bourgeon anticipé était lui-même trop vigoureux, il serait pincé à trente centimètres, comme les bourgeons primitifs de moyenne grosseur destinés à faire des rameaux à fruit.

On peut aussi, au besoin, refouler la sève de l'arrière-saison sur le bourgeon de remplacement et en augmenter la vigueur au moyen de la taille du rameau qui a porté fruit, en le supprimant immédiatement après la cueillette.

Quand une nudité se produit le long d'une branche, on peut combler le vide par une greffe à l'écusson ou par approche, ou simplement encore en amenant sur la branche, à chaque point dénudé, un rameau inférieur pris en arrière de préférence. Le rameau ainsi greffé ou couché peut être pris à quelque distance que ce soit du point où il est nécessaire.

L'exposition qui convient le mieux au pêcher dans nos pays est celle du midi; exposé au matin, il donne encore de bons produits.

La fructification et la santé même du pêcher se

trouvent assez souvent compromises par suite des intempéries du printemps; il est très-important d'amoindrir, autant que possible, ces pertes regrettables. Quand le pêcher est en espalier, on y parvient facilement en plaçant au haut du mur un avant-toit de 50 cent. environ de largeur. Cet auvent qui, la plupart du temps, n'est autre chose qu'un léger paillasson, doit être placé dès la fin de février et on l'enlève à la fin de mai.

Une autre précaution encore bonne à prendre, pour empêcher l'écorce de la partie inférieure de la tige de se durcir et de se gercer sous l'influence des rayons trop ardents du soleil de l'été, c'est de placer au-devant, non pas une tuile qui s'échauffe trop facilement, mais une planchette en bois, ou mieux encore de l'entourer d'un cordon de paille. Dans ce dernier cas on aura soin d'enlever, à l'automne, l'appareil dont il s'agit, qui pourrait servir de refuge aux insectes pendant l'hiver.

Taille de l'abricotier, du cerisier et du prunier. — Comme le pêcher, ces trois espèces d'arbres doivent recevoir la première taille l'année même de leur plantation. La forme qui leur convient le mieux est la palmette candélabre en espalier ou en contre-espalier. La charpente s'obtient par les mêmes procédés et les mêmes soins que ceux qui ont été indiqués pour le pêcher. Ils ont l'avantage sur celui-ci de posséder des sous-yeux qui sont utilisés dans les mêmes circonstances qui se présentent chez les arbres à pepins.

Dans l'abricotier, les yeux étant beaucoup plus rapprochés les uns des autres que ceux du pêcher, il convient de laisser un intervalle moindre que pour celui-ci entre les étages et les branches de charpente. Cet intervalle peut être réduit à la moitié de celui donné au pêcher, c'est-à-dire à 0 m 25 au lieu de 0 m 50. Pour faire développer les yeux nécessaires et ne pas laisser s'accumuler la sève sur un trop petit nombre d'entre eux, on ne doit pratiquer une taille ni trop longue ni trop courte ; il sera bon de retrancher le tiers environ de la longueur des rameaux latéraux de vigueur ordinaire et de tailler les plus vigoureux à la longueur laissée aux moyens. Le rameau de prolongement de la tige sera taillé à moitié longueur de celle que l'on donne au pêcher.

On ne devra pas négliger, en cours de végétation, les soins nécessaires au maintien de l'équilibre général de l'arbre.

La taille des productions fruitières de l'abricotier tient tout à la fois de celle du pêcher et de celle du poirier :

De la première en ce que l'abricotier, comme les autres arbres à noyau, ne produisant du fruit que sur les rameaux de l'année précédente, il y a lieu de provoquer à propos l'évolution des bourgeons de remplacement ;

De la seconde, en ce que ces bourgeons s'obtiennent au moyen de la taille pratiquée sur un œil apparent du talon ou sur la couronne, comme pour le poirier. Assez souvent il arrive que des bourgeons surgissent spontanément sur les branches de charpente sans que leur naissance ait été déterminée par aucune opération; ces bourgeons sont également bons pour former des rameaux fructifères, pourvu toutefois qu'ils soient convenablement placés et constitués pour être utilisés à cet effet.

De même que les yeux à bois, les boutons à fleur de l'abricotier étant aussi très-rapprochés entre eux, la taille des rameaux à fruit sera également beaucoup plus courte que pour le pêcher ; d'où résulte l'avantage de pouvoir prendre du fruit sur la première, la seconde et même la troisième pousse du rameau qui ne doit dès lors être supprimé et remplacé qu'après une période de deux ou trois ans, au lieu du remplacement annuel exigé par le mode de végétation du pêcher.

Ces productions fruitières ont ordinairement à la partie inférieure plusieurs boutons à fleurs au-dessus desquels sont placés des yeux à bois; la taille étant faite sur un ou deux yeux, les boutons à fleurs qui sont au-dessous fructifient et l'un des bourgeons obtenus doit prolonger le rameau; on le pince à quinze centimètres environ de longueur; l'autre bourgeon, si l'on a taillé sur deux yeux, doit être pincé plus court et on le supprime à la taille de mars.

A cette même époque on taille le rameau conservé sur un ou deux yeux à bois au-dessus des boutons à fleurs les plus près de la base de la dernière pousse, et l'on a soin de provoquer, comme il a été dit plus haut, l'émission du bourgeon de remplacement pour porter fruit l'année suivante.

On taille aussi sur la couronne les rameaux trop vigoureux en vue d'obtenir, comme chez les arbres à pepins, des bourgeons mieux constitués et qui se mettront plus facilement à fruit.

Si les bourgeons qui se développent le long de la branche de charpente sont trop nombreux on supprime, en cours de végétation, par l'ébourgeonnement, tous ceux qui sont superflus.

Suivant cette méthode, le palissage des productions fruitières est inutile, ces branches étant tenues excessivement courtes. L'exposition la plus convenable pour l'abricotier est celle du matin.

Prunier. — Les yeux du prunier étant plus distancés entre eux que ceux de l'abricotier, une taille analogue, mais plus longue, doit être appliquée soit aux branches de charpente, soit aux rameaux à fruits.

CERISIER. — Les branches du cerisier ont ordinairement une vigueur de végétation qui approche de celle du pêcher, ce qui permet de lui donner une taille aussi longue qu'à celui-ci; elle peut aussi être réduite, la plupart du temps, au maintien de l'équilibre des branches de charpente et l'on peut, comme pour le pêcher, prendre les étages au moyen du pincement. Quant aux productions fruitières, on doit les traiter comme celles de l'abricotier. Lorsque des vides se produisent sur les branches de charpente, il est facile de les remplir par les procédés indiqués à l'égard du pêcher. Le cerisier s'accommode de toutes les expositions; on place au midi les variétés précoces et au nord les variétés tardives pour jouir du fruit plus longtemps.

A moins d'un hiver très-rigoureux, la taille des arbres à noyaux et du poirier peut se faire dès le mois de février, afin qu'elle soit, dans tous les cas, terminée au moment de la floraison.

Arbres à grand vent. — Les soins à donner à ces arbres, pour commencer la charpente, consiste à ne leur laisser que trois ou quatre branches choisies parmi les mieux placées et les mieux conformées afin d'imprimer, dès le premier âge de la végétation, une forme aussi régulière que possible. Plus tard on supprimera les rameaux mal-venants ou trop serrés, tant pour éviter la confusion que pour faciliter l'accès de l'air et du soleil dans l'intérieur de l'arbre. Les branches qui s'allongent isolément, outre mesure, devront aussi être coupées en vue d'obtenir des bifurcations sur les points où elles seront nécessaires. Les poiriers et les cerisiers prennent assez volontiers la forme pyramidale, les pommiers et les pruniers la forme arrondie ou évasée; on fera bien de favoriser le développement naturel à chaque espèce. A ces arbres devenus vieux on retranchera les branches décrépites, celles qui s'épuisent, qui sèchent et qui s'entassent les unes sur les autres; puis on enlèvera la mousse et les lichens qui pourraient les envahir; on fera bien aussi de les badigeonner d'un lait de chaux dès la fin de l'hiver, avant le développement de la végétation.

Choix d'un certain nombre de bons fruits.

Ceux dont la désignation suit sont indiqués comme tels tant dans les ouvrages de MM. Mas et Paul de Mortillet que dans la nomenclature publiée par le Congrès pomologique de France. En pomologie, plus souvent encore qu'en botanique, des mots différents sont employés pour désigner une même chose; nous avons adopté la dénomination admise par le Congrès dont l'autorité ne saurait être contestée et doit finir par prévaloir dans toutes les provinces de l'empire. Nous avons d'ailleurs inscrit entre parenthèses quelques-uns des synonymes les plus connus.

Voici la liste des poiriers du jardin de la Préfecture, à Bourg.

Alexandrine Douillard. Très-fertile; fruit assez gros; maturité, octobre.

Belle sans pepins (Grosse bergamotte). Fertile; fruit assez bon; maturité, septembre.

Bergamotte Esperen. Très-fertile; fruit moyen; maturité au printemps. (Pour espalier.)

Beurré Capiaumont (Beurré aurore). Très-fertile; fruit moyen; maturité octobre.

Beurré d'Hardempont. Assez fertile; fruit gros; maturité, décembre et janvier.

Beurré Diel. Fertile; fruit gros; maturité, novembre et décembre.

Beurré d'Aremberg. Fertile; fruit moyen; maturité, décembre et janvier.

Beurré de Luçon (Beurré gris d'hiver, nouveau). Fertile; assez gros; maturité, décembre et janvier.

Beurré d'Amanlis. Fruit gros; maturité, août et septembre.

Beurré Clairgeau. Très-fertile; fruit gros; maturité, novembre.

Bon chrétien Napoléon (Beurré Napoléon). Fertile; fruit gros; maturité, octobre et novembre.

Bon chrétien William. Très-fertile; fruit gros; maturité, septembre.

Bonne d'Ezée. Très-fertile; fruit gros; maturité, septembre.

Bezy de Chaumontel. Fertile; fruit moyen; maturité, hiver.

Colmar d'Aremberg. Très-fertile; fruit moyen; maturité, octobre et novembre.

Doyenné d'hiver (Bergamotte de la Pentecôte). Très-fertile; fruit gros; maturité fin hiver.

Doyenné du Comice. Assez fertile; assez gros; maturité, novembre.

Doyenné d'Alençon (Doyenné d'hiver, nouveau). Fertile; fruit moyen; maturité, hiver et printemps.

Doyenné blanc. Fertile; fruit moyen; maturité, octobre. (Espalier.)

Doyenné Boussoch. Fertile; fruit gros; maturité, septembre.

Duc de Nemours. Assez fertile; fruit moyen; maturité, octobre.

Duchesse d'Angoulême. Très-fertile; fruit très-gros; maturité, octobre et novembre.

Duchesse de Berry. Assez fertile; fruit moyen; maturité, fin août.

Epine Dumas. Très-fertile; fruit moyen; maturité, novembre et décembre. (Pour grand vent.)

Fondante du Comice. Très-fertile; fruit assez gros; maturité, octobre.

Fondante de Noël (Belle ou bonne de Noël, souvenir d'Esperen). Fertile; fruit moyen; maturité, décembre.

Fondante des bois. Fertile; fruit gros; maturité, septembre et octobre.

Jalousie de Fontenay. Très-fertile; fruit moyen; maturité, septembre.

Joséphine de Malines. Fertile; fruit moyen; maturité, janvier à mars.

Louise bonne d'Avranche (Louise de Jersey, bergamotte d'Avranches). Très-fertile; fruit assez gros; maturité, septembre et octobre.

Marie-Louise Delcourt (Marie-Louise Nova, Marie-Louise Van-Mons). Très-fertile; fruit assez gros; très-bon; maturité, novembre.

Nouveau Poiteau. Fertile; fruit gros; maturité, octobre et novembre.

Passe Colmar. Très-fertile; fruit moyen; maturité, courant hiver.

Poire des deux sœurs. Très-fertile; fruit assez gros; maturité, octobre.

Poire Curé. Très-fertile; fruit gros; maturité, commencement de l'hiver.

Prémices d'Ecully. Très-fertile; fruit moyen; maturité, septembre.

Saint-Michel Archange. Fertile, fruit moyen; maturité, octobre.

Soldat laboureur. Fertile; assez gros; maturité, commencement de l'hiver.

Seigneur Espéren. Très-fertile; fruit moyen; maturité, septembre et octobre. Toute exposition, même au nord.

Suzette de Bavay. Très-fertile; fruit moyen; maturité. fin d'hiver.

Triomphe de Jodoigne. Fertile; fruit gros; maturité, novembre et décembre.

La liste qui précède doit être complétée par les fruits ci-après désignés qui se recommandent par leurs bonnes qualités.

Ananas. Très-fertile; fruit petit et moyen, musqué; maturité, septembre et octobre.

Bergamotte d'été. Très-fertile; fruit moyen; maturité, août et septembre.

Bergamotte fortunée. Fertile; fruit moyen; maturité de février en avril.

Beurré d'Apremont. Fertile; fruit gros; maturité, octobre.

Beurré Bretonneau. Assez fertile; fruit assez gros; maturité, de février en mai.

Beurré Duverny. Très-fertile; fruit moyen; maturité, octobre.

Beurré Giffard. Fertile; fruit moyen; maturité, juillet et août.

Beurré Hardy. Fertile; fruit assez gros; maturité, septembre et octobre.

Beurré Luizet. Très-fertile; fruit gros; maturité, décembre.

Beurré Six. Fertile; fruit gros; maturité, novembre et décembre.

Beurré superfin. Assez fertile; fruit assez gros; maturité, septembre.

Bezy de Saint-Wast. Fertile; fruit moyen; maturité, décembre et janvier.

Bon chrétien d'hiver (Colmar Nélis). Assez fertile; fruit gros; maturité, hiver.

Bonne de Malines. Fertile; fruit petit et moyen; maturité, décembre et janvier.

Conseiller de la Cour. Assez fertile; fruit gros; maturité, octobre.

Madame Millet. Très-fertile; fruit assez gros; maturité, fin du printemps.

Madame Treyve. Très-fertile ; fruit moyen ; maturité, août et septembre.

Rousselet d'août. Très-fertile ; fruit moyen ; maturité, août.

Saint-Germain Puvis. Fruit moyen ; maturité, septembre.

Van Mons (Léon Leclerc). Fertile ; fruit gros ; maturité, novembre.

Zéphirin Grégoire. Fertile ; fruit moyen ; maturité, janvier et février.

POIRES A CUIRE.

Belle Angevine (Bolivar). Assez fertile ; fruit très-gros ; maturité, fin hiver. (Espalier au midi.)

Bellissime d'hiver. Fertile, fruit gros ; maturité, fin hiver. (Mieux grand vent.)

Bon chrétien d'Espagne. Fertile ; fruit gros ; maturité, de novembre à janvier.

Catillac. Très-fertile ; fruit très-gros ; maturité, février et mai. (Mieux grand vent.)

Certeau d'automne. Très-fertile ; fruit moyen ; maturité, octobre et novembre. (Mieux grand vent.)

Léon Leclerc de Laval. Fertile : fruit gros ; maturité, de mars en mai. (Espalier.)

Martin sec (Rousselet d'hiver). Assez fertile ; fruit petit ; maturité, décembre et janvier. (Mieux grand vent.)

POIRIERS SPÉCIALEMENT DESTINÉS POUR GRAND VENT.

Bergamotte Sylvange. Fertile ; fruit moyen ; maturité, novembre et décembre.

Beurré Goubault. Très-fertile ; fruit moyen ; maturité, septembre.

Blanquet (Gros Blanquet). Fertile ; fruit petit ; maturité, juillet.

Citron des Carmes (Petite Madeleine, Saint-Jean). fruit petit et moyen; maturité, juillet.

Epargne. Très-fertile; fruit moyen, assez gros; maturité, juillet et août.

Messire Jean. Fertile; fruit moyen; maturité, novembre. (A cuire.)

Rousselet de Reims (Petit Rousselet). Fertile, fruit petit; maturité, septembre.

POMMES.

Api. Fertile; fruit petit; rouge du côté du soleil; maturité, fin d'hiver et printemps.

Astracan blanche. Fruit moyen ou assez gros; maturité, mi-juillet.

Astracan rouge. Fertile; fruit moyen; maturité, mi-juillet.

Calville rouge d'été. Fruit moyen; maturité, courant juillet.

Calville rouge d'hiver. Fertile; fruit assez gros; maturité, hiver.

Calville blanche (Reinette à côtes). Fertile; fruit gros; maturité, hiver.

Calville Saint-Sauveur (Reinette Saint-Sauveur). Très-fertile; fruit gros; maturité, fin d'automne.

Calville d'Oullins. Très-fertile; fruit moyen ou gros; maturité, fin d'automne et hiver.

Châtaignier. Fertile; fruit assez gros; maturité, automne. Très-bon cuit. (Haute tige.)

Courpendu gris. Très-fertile; fruit petit; maturité, hiver.

Courpendu rouge. Fruit moyen; maturité, hiver.

Cusset (Reinette Cusset). Très-fertile; fruit moyen; maturité fin hiver.

D'Eve. Très-fertile; fruit gros; maturité, automne.

Fenouillet gris. Très-fertile; fruit petit; maturité, hiver.

Joséphine. Fruit très-gros; maturité, automne. (Basse tige.)

Marguerite. Fruit moyen; maturité, fin juin. (Grand vent.)

Pigeon blanc. Très-fertile; fruit petit; maturité, fin automne. (Grand vent.)

Pigeon rouge. Très-fertile; fruit moyen; maturité hiver. (Grand vent.)

Pomme de Cantorbéry (Reinette de Cantorbéry). Très-fertile; très gros; maturité, automne.

Quarrendon du comté de Devon. Fruit moyen; maturité, fin juillet et commencement d'août. (Grand vent.)

Rambourg d'hiver. Très-fertile; fruit gros; maturité, hiver.

Rambourg franc. Fertile; fruit gros; maturité, hiver.

Reine des Reinettes. Très-fertile; fruit assez gros; maturité, hiver.

Reinette de Caux. Fertile; fruit assez gros; maturité, hiver et printemps. (A cuire.)

Reinette du Canada (blanche). Très-fertile; fruit très-gros; maturité, hiver.

Reinette du Canada (grise). Très-fertile; fruit gros; maturité, hiver.

Reinette de Cussy. Très-fertile; fruit moyen; maturité, hiver.

Reinette dorée. Fertile; fruit moyen; maturité, commencement d'hiver.

Reinette de Hollande. Fertile; fruit moyen; maturité, hiver.

Reinette franche. Fertile; fruit moyen; maturité, hiver et printemps.

Reinette grise de Parmentier. Fruit gros; maturité, hiver. (Grand vent.)

Reinette Thouin. Très-fertile; fruit moyen; maturité, hiver.

Reinette grise (Duhamel). Fertile; fruit assez gros; maturité, hiver.

PÊCHES.

Admirable. Très-fertile; fruit gros et très-gros; maturité, courant septembre.

Admirable jaune. Fertile; fruit gros; maturité, septembre et octobre.

Belle Bausse. Très-fertile; fruit gros; maturité, fin septembre.

Belle de Douai. Très-fertile; fruit assez gros; maturité, mi-août.

Belle de Vitry. Fertile; fruit gros; maturité, septembre.

Bonouvrier (Chevreuse tardive de Duhamel). Très-fertile; fruit gros; maturité, fin septembre et octobre.

Chevreuse hâtive. Fertile; fruit gros rouge; maturité, fin août.

Gallande (Duhamel, noire de Montreuil). Très-fertile; fruit gros, rouge tirant sur le noir; maturité, mi-septembre.

Grosse Mignonne hâtive. Très-fertile; fruit gros; maturité, mi-août.

Madeleine rouge. Fertile; fruit gros; maturité septembre.

Malte (Belle de Paris). Fertile; fruit moyen; maturité, mi-septembre.

Pêche à bec. Fertile; fruit gros; maturité, fin juillet.

Pêche de Syrie (Barral, Michal, d'Egypte, de Tullins). Très-fertile; assez gros; maturité, fin septembre; se reproduit assez avantageusement de noyau. (Spécialement recommandé pour la haute tige.)

Pourprée hâtive (Vineuse). Très-fertile; fruit assez gros; maturité, fin août.

Pourprée tardive. Assez fertile; fruit gros; maturité, fin septembre et octobre.

Reine des vergers. Très-fertile; fruit gros; maturité, mi-septembre.

Teton de Vénus. Peu fertile; fruit gros; maturité, octobre.

Willermoz. Très-fertile; fruit gros; maturité, septembre.

BRUGNONS.

Brugnon blanc. Fertile; fruit moyen; maturité, fin août.

Brugnon Chauvière. Très-fertile; fruit moyen; maturité, mi-septembre.

Brugnon violet. Très-fertile; fruit moyen; maturité, septembre.

ABRICOTS.

Alberge. Très-fertile; fruit petit; maturité, commencement d'août.

Commun. Très-fertile; fruit assez gros; maturité, fin juillet. (Grand vent.)

De Nancy. Très-fertile; fruit gros et très-gros; maturité, août.

Précoce. Très-fertile; fruit petit; maturité, juin et juillet.

PRUNES.

De Montfort. Fertile; fruit assez gros, violet foncé; maturité, mi-août.

Drap d'or d'Esperen. Fertile; fruit moyen; maturité, mi-août.

Jaune hâtive. Très-fertile; fruit moyen; maturité, mi-juillet.

Jefferson. Très-fertile; fruit gros jaune pointillé de rouge; maturité, août.

Mirabelle grosse. Fertile; fruit petit; maturité, août et septembre.

Monsieur hâtif. Très-fertile; fruit gros, violet foncé; maturité, mi-août.

Reine-Claude. Très-fertile; fruit assez gros, vert jaunâtre; maturité, août.

Prune Empereur. Assez fertile; fruit très-gros; maturité, août.

Reine-Claude diaphane. Fertile; fruit gros, jaune; maturité, fin août.

Reine-Claude violette. Assez fertile; fruit assez gros; maturité, fin septembre.

Royale de Tours. Fertile; fruit assez gros, violet rouge; maturité, mi-août.

Variétés pour pruneaux.

D'Agen. Très-fertile; fruit assez gros, rouge violet; maturité, août et septembre.

Diaprée rouge. Très-fertile; fruit moyen; maturité, août et septembre.

Questche d'Italie. Très-fertile; gros violet noir.

Sainte-Catherine. Très-fertile; fruit moyen, jaune pâle; maturité, août.

CERISES.

Bigareau noir hâtif. Fruit gros; mat., fin juin.

Bigareau commun (Graffion des Anglais). Très-fertile; fruit rouge gros; maturité, juillet.

Bigareau Jaboulay. Très-fertile; fruit gros, rouge; maturité, juin.

Bigareau à fruit rouge. Maturité, commencement de juillet.

Bigareau de Mézel. Fruit gros, brun noir; maturité, juin.

Bigareau Napoléon. Très-fertile; fruit très-gros, rose marbré; maturité, mi-juillet.

Bigareau Gros-Cœuret. Très-fertile; fruit gros, rouge clair; maturité, juillet.

Gros bigareau blanc. Fruit très-gros; m., fin juin.

CERISES DOUCES.

Impératrice Eugénie. Très-fertile; fruit gros, rouge; maturité, mi-juin.

Reine-Hortense. Fruit gros, rouge; m., juillet.

Impératrice (May Duke). Très-fertile; fruit gros, rouge foncé; maturité, juin.

Belle de Choisy. Fertilité inconstante; fruit gros, rouge; maturité, juillet.

Anglaise tardive. Fruit gros, rouge; m., mi-août.

Belle d'Orléans. Très-fertile; fruit gros, rouge; maturité, juillet.

Dona Maria. Fruit rouge, assez gros; maturité, fin juillet.

CERISES ACIDES.

Belle de Chatenay. Fruit gros, rouge; mat., juin.

De Charmeux. Fruit gros, rouge; maturité, juin.

De Montmorency. Très-fertile; fruit gros, rouge foncé; maturité, juillet.

GRIOTTES.

Griotte du Nord (Cerise à ratafia). Fertile; fruit gros, rouge-noir; maturité, août.

Griotte d'Allemagne (Griotte de Caux).

FLORICULTURE.

Qui n'aime les fleurs, leur coloris, leur parfum, leur pureté, leur allégorie? Mais les rêveries contemplatives, les pensées sublimes, les sentiments d'affection mystique qu'inspire l'admiration de ces filles du ciel, descendues sur la terre pour charmer notre séjour ici-bas, ne sont l'objet de vraies méditations que chez les âmes immaculées. L'aurore de nos jours est toujours accueillie par le sourire gracieux des fleurs; les circonstances heureuses de la vie se présentent toujours au milieu des fleurs; puis à l'heure du passage à une vie meilleure, l'encens qui s'en exhale nous fait voir encore le chemin du bonheur. Pourquoi faut-il que nous ne puissions avoir à l'égard de chacune d'elles un de ces entretiens suaves et divins comme en ont entre eux les chérubins et les séraphins? Hélas! notre temps, notre espace, nos forces sont limités, nous devons passer. Qu'il nous soit permis, au moins en passant, de jeter un dernier regard autour de la plus humble demeure et de dire à l'honnête famille qui l'habite comment elle peut l'embellir par quelques plantes d'agrément. A ces habitants de la terre les instants aussi sont comptés; qu'ils adoptent alors de préférence les sujets vivaces dont la culture se réduit pour ainsi dire au simple fait de la plantation; que leur choix tombe tout d'abord sur le rosier dont la fleur a, dans tous les temps, été placée à la tête de l'innombrable et gracieuse phalange et qui, malgré de nombreux débats, a su maintenir avec honneur son rang primordial et glorieux.

Choix de plantes vivaces.

Rosier : On l'obtient de semis, mais ce procédé n'est usité que par ceux qui cherchent à obtenir de nouvelles variétés. Dans la culture ordinaire, on préfère la multiplication par marcotte ou la plantation des rejets. La greffe donne aussi le rosier que l'on désire obtenir franc de pied; on greffe rez-de-terre, le nœud de la greffe est enterré ou butté, il produit racines et la greffe est affranchie. Les Provins, les Cent-Feuilles non remontants, et les Portland, roses perpétuelles et certaines mousseuses, les hybrides de Bourbon remontants, c'est-à-dire qui donnent des fleurs toute la belle saison, supportent sans danger la rigueur de nos hivers; mais les rosiers Bengale, Thé, Noisette qui s'obtiennent de bouture plus facilement que les autres redoutent aussi beaucoup plus le froid. Quand ils sont francs de pied, on peut les butter avant l'hiver avec de la terre ou du fumier, sauf à receper au printemps, pour avoir de nouvelles pousses, si la tige vient à geler; voilà l'avantage du rosier franc de pied. Mais par la greffe à l'écusson, qui se pratique habituellement en juin, sur églantier, on obtient des têtes de rosier mieux arrondies et plus gracieuses. Le moyen le plus sûr pour garantir de la gelée les variétés sensibles au froid, c'est d'en arquer la tige de façon à pouvoir plonger la tête en terre et la couvrir. On ajoute ensuite une large tuile creuse par-dessus pour mieux la protéger contre l'humidité de l'hiver. Le rosier se taille en mars; on enlève les tiges sèches, on rabat les tiges trop allongées ou mal conformées; parfois on taille sur deux ou trois yeux pour rajeunir soit les tiges soit les rameaux.

Acanthe : S'obtient de graines ou d'éclat des racines; feuillage élégant représenté comme ornement d'architecture; fleurs roses, fin de l'été.

Aloès : Même culture que le cactus.

Althoea : S'obtient de graines, d'éclats ou rejets; fleurs variées, fin de l'été.

Alysse ou corbeille d'or : S'obtient de marcotte, d'éclats ou de graines semées fin septembre, en terre légère; fleurs jaunes ou panachées au printemps.

Anémone : S'obtient de semis, au printemps, en terre sablonneuse mélangée de terreau de feuilles; ou en automne, en pot que l'on rentre en hiver. On coupe la tige quand elle est fanée, on la suspend en un lieu sec et abrité, en lui laissant les graines jusqu'à l'époque du semis. En coupant la tige on enlève en même temps les racines qui sont aussi mises à l'abri, ou que l'on replante en pot dès le mois d'août, pour avoir des fleurs en hiver. Les racines en forme de griffe peuvent, après un an de repos, en un lieu très-sec et à l'ombre, donner des fleurs trois mois environ après la plantation. Si l'on a soin d'échelonner convenablement les époques de plantation, on peut jouir des fleurs toute l'année.

Ancolie : S'obtient de semis sur couche au printemps, ou d'éclats en automne; fleurs variées au printemps; couvrir l'hiver.

Anthémis : S'obtient de boutures et d'éclats, en terre légère terreautée; fleurs blanches toute la belle saison; couvrir l'hiver. Si on les met en pot pour les rentrer on a des fleurs en hiver.

Arbre de Judée : S'obtient de semis au printemps; couvrir l'hiver, repiquer en avril; fleurs roses au printemps.

Aster : S'obtient de rejets ou d'éclats; fleurs variées tout l'été; receper les tiges dès que la floraison est passée.

Azalée rustique : S'obtient de semis, de marcotte et d'éclat des rejets, et par la greffe en fente et en approche; pleine terre de bruyère mélangée d'un peu de terre sablonneuse et de terreau; floraison luxuriante et variée au printemps. On cultive les variétés délicates en pot, pour les rentrer l'hiver et les placer à l'ombre en été quand elles sont dehors. (A défaut de terre de bruyère, pour la culture des plantes exotiques, la poussière terreuse qui existe dans le tronc creux des vieux saules peut en tenir lieu en y mêlant du sable de rivière ou de la poussière graveleuse ramassée sur la voie publique; on en agira de même, et à dose encore plus forte, si l'on emploie le terreau de feuilles.)

Bégonia : S'obtient de semis, de marcotte et d'éclat des tiges ou rejets; fleurs rouges tubuleuses en été; propre à servir d'ornement pour garnir les murs.

Bignone : Même culture que le bégonia; couvrir le pied l'hiver; fleurs d'un rouge pâle.

Belladone : S'obtient de caïeux plantés à 15 ou 20 centimètres de profond, en terre mélangée de platras de démolition; couvrir l'hiver; changer les oignons de place tous les trois ans; fleurs roses en été.

Boule de neige : S'obtient par marcotte et rejets, en pleine terre franche; fleurs blanches globuleuses en été.

Bouton d'argent : S'obtient d'éclat des tiges ou rejets; exposition ombragée; transplanter tous les trois ans; fleurs blanches en été.

Bouton d'or : Culture de l'anémone.

Bouvarde : S'obtient de marcotte ou d'éclat des tiges ou rejets; fleurs d'un rouge vif en été.

Brunelle : S'obtient de semis ou d'éclat des tiges ou rejets; fleurs variées en été.

Buglose de virginie : S'obtient de marcotte et d'éclats; en terre de bruyère; fleurs jaunes en épi.

Buglose d'Italie : S'obtient de semis en septembre; fleurs d'un bleu d'azur en été.

Cactus : S'obtient de bouture dont la plaie doit sécher quinze jours au moins avant la plantation; se servir de préférence des tiges d'un an; terre terreautée avec un peu de terre de bruyère; grandes fleurs blanches en dedans, roses ou rouges en dehors; rentrer l'hiver et n'arroser que quand ils commencent à se flétrir; ombrager les premiers jours de leur sortie.

Calcéolaire : S'obtient de semis en août et septembre, de bouture ou d'éclats enracinés; bonne terre de bruyère mélangée de terre franche et de terreau de feuilles; ombrager et maintenir la fraîcheur par de fréquents bassinages; fleurs variées au printemps; rentrer l'hiver.

Camellia : On le reproduit habituellement par la greffe en approche; l'opération se fait en serre tempérée, ou en bâche sous châssis, sur camellia du Japon, en approchant le pot où est le sujet de la tige dont on veut obtenir une nouvelle plante; bonne terre de bruyère avec un peu de sable et de terreau de feuilles; éviter l'exposition du soleil du midi; bassiner le feuillage et arroser assez souvent pour maintenir une fraîcheur convenable, se servir d'eau qui a séjourné en plein air; rempoter quand le volume de la plante l'exige, de préférence en été, après la floraison. Les sujets à greffer se multiplient par bouture ou marcotte des rejets du camellia du Japon; ils sont mis en pot lorsqu'ils sont suffisamment enracinés.

Campanule : S'obtient de semis en septembre ou d'éclats (il est une variété pyramidale s'élevant à plus d'un mètre); fleurs bleues ou blanches en été; fréquents arrosages pendant la floraison.

Canna. — Même culture que le Dahlia, en ce qui concerne l'arrachage et la plantation. On l'obtient aussi par la graine que l'on sème sur couche au printemps; mettre le plant en pot en juin; rentrer l'hiver et mettre en pleine terre terreautée au printemps suivant; fleurs rouges en été.

Camomille : S'obtient d'éclats; fleurs blanches en été.

Cardamine : S'obtient de marcotte et d'éclats; fréquents arrosages; fleurs roses en été.

Catalpa (haute futaie) : S'obtient de rejets ou semis en avril; en terre de bruyère; garantir du froid les trois premiers hivers et mettre ensuite en place; grandes fleurs blanches, en grappe en été.

Centaurée : S'obtient d'éclats; fleurs jaunes ou blanches en été.

Cinéraire : S'obtient d'éclats en automne, ou de semis au mois d'août; en terre terreautée mélangée d'un tiers de terre de bruyère; rentrer l'hiver; fleurs variées de bonne heure au printemps.

Pour avoir de la bonne graine et prévenir la dégénérescence, rapprocher cinq ou six pots des fleurs les plus foncées, les pieds les plus courts; entremêler les tiges et les maintenir enchevêtrées par de petits liens pendant la floraison; puis cueillir la graine en temps opportun.

Cognassier du Japon : S'obtient de semis, éclats et greffe; grandes fleurs blanches ou rouges au printemps; fruit jaune clair en automne.

Corbeille d'argent : S'obtient de bouture en pot, à l'ombre; terre légère terreautée; fleurs blanches l'hiver en les plaçant à l'abri de la gelée.

Couronne impériale : S'obtient de graines semées

dès leur maturité, ou de caïeux plantés au mois d'août: changer les oignons de place tous les trois ans; fleurs d'un rouge pâle, en couronne, au printemps.

Croix de Jérusalem ou de Malte : S'obtient de semis de bouture et d'éclats; fleurs rouges ou blanches au printemps.

Crocus : S'obtient de caïeux qu'on relève tous les trois ans en été, et qu'on replante en octobre; fleurs nuancées de rouge et de violet, au printemps.

Chrysanthème : S'obtient de semis, d'éclats et de bouture; fleurs variées fin de l'été; mettre en pot et rentrer pour prolonger la floraison en hiver.

Dahlia : S'obtient par la plantation des tubercules qui ont été arrachés en automne, conservés en lieu sec pendant l'hiver et qui sont remis en place au printemps. Planter en bloc tous les tubercules formant un même pied, puis transplanter ensuite séparément les rejets quand ils sont assez forts, et qui sont traités comme boutures ou plançons. S'obtient aussi de semis sur couche au printemps.

Daphné (bois gentil) : S'obtient de graines semées dès leur maturité, de marcotte et de greffe; exposition ombragée; fleurs roses ou blanches au printemps.

Diclytra : S'obtient d'éclat des racines; fleurs roses en grappe en été.

Epervière : S'obtient de semis et de rejets; terre terreautée; fleurs jaunes en été.

Epine-Vinette : S'obtient de semis et d'éclats; fleurs jaunes au printemps.

Fraxinelle : S'obtient d'éclats ou de graines semées dès la maturité; fleurs rouges ou blanches en été.

Fuchsia : S'obtient de semis pour avoir de nouvelles variétés, et de boutures très-courtes à l'automne ou de bonne heure au printemps pour la reproduction des variétés dont on est en possession; se servir du vieux bois de préférence; terre terreautée, avec moitié de terre de bruyère; fleurs pendantes de diverses couleurs; ombrager en été; rentrer l'hiver.

Gaillardia Drummondii : S'obtient de semis et d'éclats; couvrir l'hiver; fleurs jaunes et rouges en été.

Geranium : S'obtient de graines, d'éclats et de boutures très-courtes en août et septembre; à ce moment couper les branches faibles ou mal conformées; tailler les autres à deux ou trois yeux; couvrir le pied ou rentrer l'hiver.

Glaïeul : S'obtient de semis ou de caïeux qu'on enlève en juillet et qu'on replante en octobre; fleurs rouges, blanches ou roses en été.

Grenadier : Se multiplie de semis pour obtenir de nouvelles variétés, et par éclats ou par la greffe pour la conservation des variétés à reproduire; placer à chaude exposition en été; les tailler et les rentrer avant l'hiver.

Glycine : S'obtient de marcotte et de rejets, donner un appui à la tige et aux branches qui peuvent garnir un mur en peu d'années; fleurs bleues, pendantes, au printemps et en été.

Héliotrope : S'obtient de graines ou de bouture au printemps, sur couche, et en été en pleine terre terreautée; fleurs d'un bleu pâle tout l'été; arroser fréquemment; rentrer l'hiver.

Hellébore : S'obtient d'éclats ou de graines semées en automne; terre terreautée; fleurs d'un rose tendre pendant l'hiver.

Hépatique : S'obtient d'éclats ou de graines semées en automne; butter avant l'hiver; fleurs variées en février et mars.

Hortensia : S'obtient de marcotte, de rejets et de bouture; fleurs rouges passant au violet ou blanches violacées en été; exposition du nord.

Iris : S'obtient d'éclat des bulbes ; fleurs variées en été.

Jacinthe : S'obtient de caïeux que l'on arrache tous les trois ans, après la floraison, pour les laisser reposer en un lieu sec et qui sont remis en place en octobre. Par la culture forcée en pot on peut avoir des fleurs tout l'hiver.

L'oignon de jacinthe, placé dans une carafe destinée à cet usage et qui baigne dans l'eau seulement jusqu'au quart ou au tiers de sa hauteur, donne également des fleurs en hiver. On ajoute du sel à l'eau pour l'empêcher de se corrompre ; il est bon d'ailleurs de la renouveler tous les mois.

Jasmin : S'obtient de marcotte et d'éclats ; tiges sarmenteuses ; fleurs blanches ou jaunes en été.

Joubarbe : S'obtient de rejets ; fleurs rouges en été.

Julienne des jardins : Il est une variété vivace et une autre bisannuelle ; la première s'obtient de bouture ou d'éclats, et l'autre de semis ; fleurs blanches ou violettes.

Kalmia : Arbrisseau de un à deux mètres ; s'obtient de semis en pot dès la maturité de la graine, ou de marcotte en automne ; il est bon de fendre le rameau à marcotter ; on peut sevrer au printemps après s'être assuré toutefois du développement suffisant des racines ; pleine terre de bruyère mêlée de sable ; exposition du nord ; fleurs roses, rouges ou blanches en été.

Laurier commun, **Lauréole**, **Laurier-rose**, **Laurier-tin**, **Laurier de Saint-Jacques** : S'obtiennent de semis, marcotte, bouture et rejets ou par la greffe ; placer en été le laurier-rose à chaude exposition pour déterminer la floraison ; couvrir le pied ou rentrer l'hiver.

Lilas : S'obtient de marcotte, d'éclats et par la greffe ; fleurs roses, violettes ou blanches au printemps; il est bon de le tailler dès que la floraison est passée.

LAVANDE : S'obtient de semis sur couche; fleurs bleues en été.

LIS BLANC, LIS NARCISSE, LIS DE MARTAGON, LIS DORÉ, LIS SAINT-JACQUES : S'obtient de caïeux qui doivent être relevés tous les trois ans; rentrer l'hiver les deux dernières variétés.

LOBELIA (LOBÉLIE CÉLESTE) : S'obtient de semis, de bouture et d'éclats, en terre terreautée; fleurs bleues, roses ou rouges en été.

MAGNOLIA. S'obtient par la greffe et par marcotte incisée; grandes fleurs blanches au printemps.

MIMULUS DU CHILI ET CARDINALIS : S'obtient d'éclats des racines ou de semis en terre terreautée en septembre; fleurs rouges nuancées et pointillées en été; couvrir ou rentrer pendant les grands froids.

MUGUET : S'obtient de rejets ou racines; fleurs blanches au printemps; exposition ombragée.

MYOSOTIS : S'obtient de semis, d'éclats et de bouture; fleurs d'un bleu céleste pointillé de jaune en été.

MYRTE : S'obtient de marcotte, bouture et rejets; petites fleurs blanches; tailler après la floraison; arrosages fréquents en été.

NARCISSE DES POÈTES (Jeannette) : S'obtient de semis ou de caïeux qui doivent être relevés tous les trois ans en été; replantés en octobre; fleurs blanches au printemps.

NARCISSE-JONQUILLE : Même culture que la jacinthe; arrosages pendant la floraison.

ŒILLET DE FRANCE, D'ORIENT, FLAMAND, MIGNARDISE, MIGNONNETTE : S'obtient de marcotte et d'éclats des tiges, à la fin de l'été; il est bon de faire une fente aux rameaux qu'on marcotte, immédiatement au-dessous du nœud qui doit produire des racines.

ŒILLET DE POÈTE (Bouquet tout fait, trisannuel)

très-souvent considéré comme vivace parce qu'il se reproduit de lui-même par la chûte naturelle de ses graines; s'obtient également de marcotte et de bouture.

Oreille d'Ours : S'obtient de semis et d'éclats; fleurs blanches ou roses en février et mars.

Passiflore (Fleur de la Passion) : S'obtient de marcotte et de bouture; plante sarmenteuse qui demande un appui; receper les tiges après la floraison; couvrir ou rentrer l'hiver.

Paulownia (haute futaie) : S'obtient de bouture de tronçons de racines; grandes fleurs bleues en été.

Pied d'Alouette : S'obtient de semis en place en octobre, et d'éclats; terre légère; fleurs d'un bleu d'azur en été.

Pervenche : S'obtient de semis et de rejets, en lieu frais; fleurs blanches, panachées ou d'un bleu tendre, toute la belle saison.

Perce-neige : S'obtient de caïeux; fleurs blanches ou roses en février et mars.

Phlox de la caroline, princesse marianne, pyramidal : S'obtient de graine semée immédiatement après la récolte; se multiplie aussi de bouture et d'éclat des tiges, en terre terreautée mélangée de terre de bruyère; fleurs variées en été.

Pivoine arborescente : S'obtient de semis, mais les pieds ainsi obtenus ne fleurissent qu'à sept ou huit ans; on préfère marcotter en éclatant à moitié les rejets dont l'extrémité du talon reste adhérente à la souche, et qui ne sont détachés et transplantés qu'après deux ans; on peut aussi éclater les racines ou greffer sur tubercule de la pivoine herbacée; grandes fleurs rouges, roses ou blanches au printemps; arrosages pendant la floraison.

Pivoine herbacée : S'obtient d'éclat des racines (tubercules); fleurs rouges ou blanches au printemps.

Polygala : S'obtient de rejets, marcotte et bouture; terre de bruyère; fleurs jaunes ou violettes en été; rentrer l'hiver.

Potentille : S'obtient de rejets; fleurs jaunes ou rouges en été.

Primevère : S'obtient de semis ou d'éclats en terre sablonneuse terreautée, fleurs variées au printemps. Si l'on sème en août pour mettre en pot en septembre, on obtient des fleurs en hiver.

Renoncule : Même culture que l'anémone. Pour obtenir de la bonne graine on choisit les tiges qui ont donné les plus belles fleurs, on les coupe à la maturité pour les rentrer en un lieu sec et abrité, en ayant soin de ne pas en détacher les graines avant un mois environ.

Ribes (Groseillier doré), arbrisseau d'une hauteur d'un mètre environ : S'obtient d'éclats, de marcotte et de bouture; fleurs rouges et jaunes au printemps; tailler après la floraison.

Rhododendron : Même culture que les azalées; floraison au printemps.

Salvia du Brésil : S'obtient de semis, de bouture et d'éclats; exposition chaude; terre légère; fleurs rouges en été.

Sauge grande : S'obtient de semis, de bouture et d'éclats; fleurs variées en été.

Scutellaire : s'obtient de semis, d'éclats et de bouture; fleurs bleues au printemps.

Soldannelle : S'obtient de semis en octobre et d'éclat des racines; terre de bruyère sablonneuse; ombrager; fleurs variées au printemps.

Spigélie : S'obtient d'éclats et de bouture, en terre de bruyère, en lieux frais; fleurs tubuleuses jaunes en dedans, rouges en dehors.

Syringa : Même culture que le lilas; fleurs blanches odorantes en été.

Thlaspi : S'obtient de semis en place à l'automne

ou au printemps, ou de marcotte; fleurs blanches et violettes en été.

Tubéreuse : S'obtient de caïeux en pot, sur couche et sous abri; découvrir quand la température est douce; sortir de la couche aux indices de la floraison qui arrive en juillet.

Tilleul (haute futaie) : S'obtient de semis ou de marcotte en juin; fleurs odorantes en été.

Tulipier de Virginie (haute futaie) : S'obtient de semis, de marcotte ou par la greffe; il commence à donner des fleurs d'un jaune vert, à 25 ans environ.

Tulipe : Se multiplie de semis pour obtenir de nouvelles variétés et de caïeux pour la reproduction des variétés à conserver; relever les oignons au moins tous les trois ans quand la tige est sèche, pour les laisser reposer en un lieu sec jusqu'en octobre, époque à laquelle ils sont remis en place; terre sablonneuse de préférence.

Valériane : S'obtient de semis et d'éclat des tiges; fleurs roses ou blanches en été.

Véronique : S'obtient d'éclats ou de bouture; fleurs bleues ou roses en épi toute la belle saison; rentrer les pots en hiver; couvrir après avoir recepé, si les plantes sont en pleine terre, ou bien enlever par la taille au printemps les tiges qui auraient été gelées.

Vigne-vierge (arbrisseau grimpant), propre à garnir les murs et les tonnelles : S'obtient de semis, de marcotte et bouture; feuillage d'un beau vert en été, tournant au rouge à l'automne; fleurs petites d'un violet pâle.

Viscaria : S'ob. de semis au printemps, de bouture en été ou d'éclats à l'automne; fleurs rouges en été.

Violette odorante : S'obtient d'éclat de la souche; terrain doux et frais; fleurs violettes ou blanches dès le mois de février et se prolongeant jusqu'aux gelées chez les variétés des quatre saisons.

Choix de plantes annuelles ou traitées comme telles.

ADONIDE : S'obtient de semis en septembre ou au printemps ; terre terreautée; fleurs rouges en été.

ARGÉMONE : S'obtient de semis en place au printemps; fleurs blanches ou jaunes en été.

BALSAMINE : S'obtient de semis au printemps; fleurs variées en été.

BELLE DE NUIT : S'obtient de semis au printemps; terre terreautée; fleurs rouges, jaunes ou panachées en été.

CAMPANULE : S'obtient de semis en automne; couvrir peu la graine; repiquer avant l'hiver; mise en place courant mars; fleurs variées en été.

CAPUCINE, grimpante au moyen d'un appui : S'obtient de semis en automne ou au printemps; fleurs jaunes ou rouges plus ou moins foncées en été. (Il est une variété naine pour bordure.)

CORÉOPSIS : S'obtient de semis en septembre; fleurs jaunes et rouges en été.

COELESTINA : S'obtient de semis au printemps; fleurs bleues d'azur en été.

COLLINSIA : S'obtient de semis en place, en automne; même culture que la campanule; fleurs roses et blanches en été.

COLLOMIA (COCCINEA, GRANDIFLORA) : S'obtient de semis en place en septembre ou au printemps; fleurs rouges ou jaunes en été.

COSMOS : S'obtient de semis sur couche en mars, transplanter en juin; terre sablonneuse terreautée, à chaude exposition; fleurs rouges et jaunes à l'automne.

CRÊTE DE COQ : S'obtient de semis en mars sur couche, ou fin d'avril à chaude exposition, transplanter en motte; fleurs veloutées, d'un rouge plus ou moins foncé, ou pâle tournant au jaune.

Cuphea : S'obtient de semis au printemps ou à l'automne, ou bien encore de bouture et d'éclats; terre sablonneuse terreautée; rentrer l'hiver; mettre en place au printemps; fleurs rouges tubuleuses tout l'été.

Datura : S'obtient de semis en mars, sur couche chaude et sous cloche; on peut transplanter en pleine terre à chaude exposition; arrosages fréquents pendant la floraison; fleurs blanches tournant au violet en été.

Digitale (Gant Notre-Dame) : S'obtient de semis dès la maturité des graines; repiquer en octobre; fleurs blanches ou rouges en forme de gueule ouverte, pointillées en dedans.

Enothère de Romangzoff : S'obtient de semis en septembre; repiquer fin octobre à chaude exposition; mise en place en mai ou juin; grandes fleurs rouges ou jaunes en été.

Felicia tenella : S'obtient de semis en place, à chaude exposition; terre sablonneuse terreautée; fleurs jaunes et bleues en été.

Gilie : S'obtient de semis en place, à l'automne ou au printemps, à bonne exposition; fleurs petites, blanches ou bleues d'azur en été.

Giroflée : S'obtient de semis au printemps; repiquer en pépinière et mise en place à l'automne; fleurs odorantes et variées au printemps suivant; il s'obtient aussi de bouture.

Pour avoir de la bonne graine, suivre le procédé indiqué pour les cinéraires.

Godetia : S'obtient de semis en septembre; transplanter en motte au printemps; fleurs violettes en été.

Immortelle : S'obtient de semis en pot en septembre; rentrer l'hiver; mise en place fin d'avril;

fleurs variées en été. (Il est une variété vivace pyramidale qui se multiplie de bouture; rentrer ou couvrir l'hiver.)

Lupin : S'obtient de semis au printemps; fleurs bleues et blanches en été.

Marguerite-Reine : S'obtient de semis au printemps; fleurs variées en été. (Il est une variété naine pour bordure.)

Mimosa (Sensitive) : S'obtient de semis en pot, sur couche, sous cloche ou sous châssis; repiquer le plant dans des pots garnis de bon terreau; plante remarquable par la sensibilité de ses feuilles; petites fleurs d'un rouge violet.

Némophile : S'obtient de semis en place, à l'automne ou au printemps; fleurs bleues pâles ou blanches pointillées de brun en été.

Nemesia : Même culture que les némophiles, fleurs jaunes et blanches en été.

Œillet de Chine et de Perse : S'obtient de semis en pot en septembre; rentrer l'hiver; mise en place au printemps; ou de semis au printemps à bonne exposition; terre terreautée; fleurs variées en été.

Oxalis : S'obtient par la plantation, au printemps, des racines en forme de tubercule qu'on relève à l'automne; fleurs variées en été.

Pavot double varié : S'obtient de semis en place en octobre, pour avoir des fleurs au printemps; ou semis au printemps pour avoir des fleurs en été.

Pensée : S'obtient de semis fin de juillet et au mois d'août en terre terreautée; repiquer en septembre ou au printemps suivant; on la multiplie aussi par éclat de la touffe au printemps; fleurs variées toute la belle saison; exposition légèrement ombragée.

Petunia : S'obtient de semis, d'éclats et de bouture; fleurs variées en été et en automne; cueillir les graines des variétés les plus foncées; tenir en pot les variétés doubles pour les rentrer quand arrive la pluie qui pourrait les anéantir.

PHLOX DE DRUMMOND : S'obtient de semis fin septembre; couvrir ou rentrer l'hiver; ou de semis au printemps à bonne exposition; fleurs variées en été.

PIED D'ALOUETTE : S'obtient de semis en place, en octobre ou au printemps; fleurs variées en été.

POIS DE SENTEUR (plante grimpante) : S'obtient de semis en place, en automne ou au printemps; fleurs variées en été.

POURPIER : S'obtient de semis en place, en avril et en mai à bonne exposition en terre sablonneuse terreautée; très-peu couvrir la graine; fleurs variées en été.

QUARANTAIN (Julienne de Mahon) : Même culture que la giroflée.

RÉSÉDA : S'obtient de semis à l'automne ou au printemps; se reproduit ensuite de lui-même par la chûte naturelle de ses graines; fleurs petites, odorantes, d'un jaune vert, toute la belle saison.

RICIN (Palma Christi) : S'obtient de semis en place au printemps, en terre terreautée, à chaude exposition; larges feuilles en forme de palme, fleurs rouges en grappe en été. Il est une variété qui peut vivre plusieurs années si l'on a soin de la rentrer l'hiver.

ROSE TRÉMIÈRE (trisannuelle) : S'obtient de semis en été, terre terreautée; mise en place fin septembre; si le plant n'est pas assez avancé, couvrir l'hiver et transplanter au printemps; grandes fleurs variées tout l'été.

ROSE TRÉMIÈRE DE LA CHINE : S'obtient de semis sur couche au printemps, fleurs rouges panachées de blanc en été (annuelle).

SALPIGLOSSIS : S'obtient de semis en place au printemps, terre légère terreautée; fleurs variées en été.

Scabieuse (Fleur de veuve) : S'obtient de semis en place au printemps; fleurs en capitule d'un rouge foncé en été.

Souci : S'obtient de semis en septembre ou mars; fleurs jaunes en été.

Tagète (Œillet d'Inde) : S'obtient de semis au printemps; fleurs jaunes parfois nuancées de rouge brun, en été et en automne; il est une variété naine pour bordure.

Verveines variées, de Drummond, de Miquelon : Se multipl. de semis en septembre ou au printemps; rentrer l'hiver; mise en place en mai ou juin; se multiplie aussi par marcotte si l'on a eu soin de jeter sur les tiges couchées un peu de terre ou de terreau pour aider à l'émission des racines; ces tiges, une fois enracinées, sont traitées comme des plançons. Si l'on recèpe la souche en automne pour la rentrer en motte pendant l'hiver, et si on la remet en pleine terre au printemps on obtient une floraison des plus luxuriantes toute la belle saison.

Violier : Même culture que la giroflée.

Viscaria : S'obtient de semis en place en automne ou au printemps; à bonne exposition; fleurs roses en été.

Zinnia : S'obtient de semis sur couche en mars, ou en pleine terre fin d'avril; transplanter en mai ou juin; fleurs variées en été.

Cet ouvrage est certainement bien abrégé, mais on ne devra pas perdre de vue qu'il est spécialement destiné à la petite culture horticole, à ceux qui ont besoin d'apprendre les premiers éléments de la science et non à ceux qui les connaissent déjà.

ERRATA.

Page 17, ligne 33, lire qui *partent* près des racines, au lieu de *portent*.

Page 35, ligne 25, lire *soins* au lieu de *semis*.

Page 75, ligne 32, lire 40 *degrés* au lieu de 0 ^{m} 40.

Page 81, dernière ligne, supprimer les deux derniers mots qui sont superflus.

TABLE.

CULTURE DES LÉGUMES.

ARBORICULTURE.

FLORICULTURE.

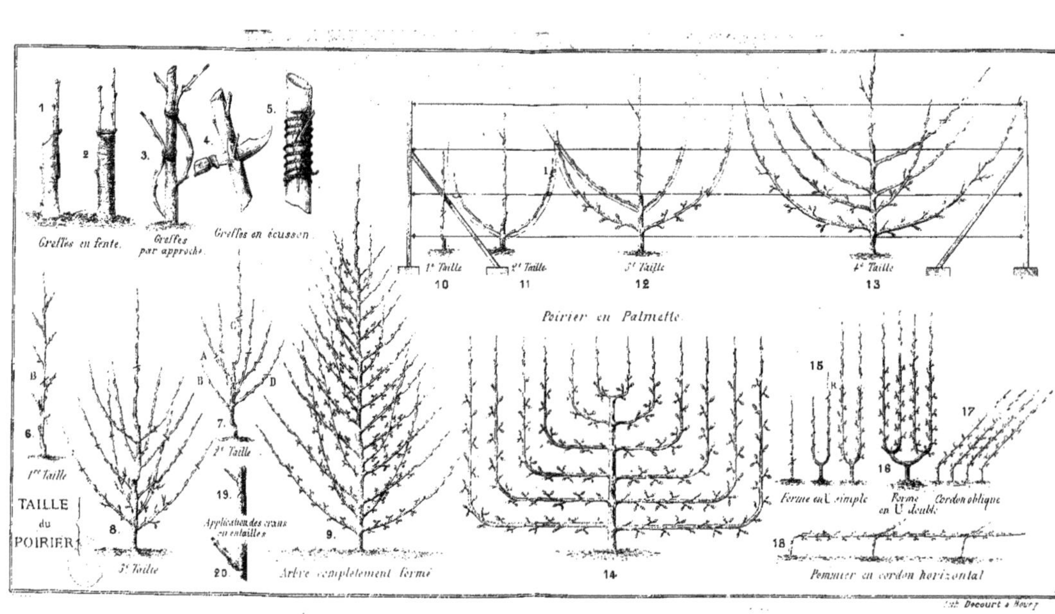

1
2
3.
4.
5.
Greffes en fente.
Greffes par approche.
Greffes en écusson.
1e Taille
2e Taille
3e Taille
4e Taille
10
11
12
13
Poirier en Palmette.
6.
1re Taille
7.
2e Taille
8.
3e Taille
9.
Arbre complètement formé
19.
Application des crans en entailles
20.
TAILLE du POIRIER
14
15
16
17
18
Forme en U simple
Forme en U double
Cordon oblique
Pommier en cordon horizontal

www.ingramcontent.com/pod-product-compliance
Ingram Content Group UK Ltd.
Pitfield, Milton Keynes, MK11 3LW, UK
UKHW020917180726
13838UKWH00002B/607